大健康服務產業
連鎖經營實戰攻略

許瑞林　徐永堂 ———— 著

大健康服務產業連鎖經營實戰攻略

推薦序 傳承智慧，共繪連鎖未來 ———————————— 6
　　　　——曹騁（武漢美麗椰島美容美髮有限公司董事長）
　　　　一本值得細讀、反覆琢磨的實戰寶典 ————————— 8
　　　　——鄭金城（東莞名藝世家美髮連鎖集團創辦人）
　　　　一本能讓任何入行者放在案頭的工具書 ——————— 10
　　　　——石詠琦（新世紀形象管理學院創辦人）
推薦語 ————————————————————————— 12
作者序 能將經驗轉成文字傳承，是一件值得高興的事——許瑞林 15
　　　　美麗健康人生在於精與勤 ——————————徐永堂 17
前言 ——————————————————————————— 19

第一章 概論 20

1.1 連鎖體系概念 ——————————————————— 22
1.2 連鎖經營的型態 —————————————————— 24
1.3 連鎖事業的定位 —————————————————— 28
1.4 美髮美容連鎖店的定位 ——————————————— 33
1.5 美髮美容業的九大系統 ——————————————— 38
1.6 未來的加盟趨勢 —————————————————— 47
1.7 美髮美容業的多角化經營 —————————————— 52

第二章 加盟管理 54

2.1 加盟之優勢與劣勢分析 ——————————————— 55
2.2 加盟流程概述 ——————————————————— 58
2.3 加盟運作方法 ——————————————————— 60
2.4 加盟資格與配合方式 ———————————————— 64
2.5 授權加盟店開店作業 ———————————————— 66
2.6 加盟發表會 ———————————————————— 70
2.7 連鎖體系所需合約 ————————————————— 77

第三章 **開店管理** *80*

- 3.1 開店流程概述 ———————————————— *81*
- 3.2 開店前的商圈調查 —————————————— *83*
- 3.3 財務模型 ———————————————————— *96*
- 3.4 開店計畫書 ——————————————————— *100*
- 3.5 開店管理與注意事項 ————————————— *103*
- 3.6 門店規劃與裝潢施工 ————————————— *110*
- 3.7 旗艦店 ————————————————————— *118*
- 3.8 其他開店管理工具 —————————————— *120*

第四章 **智慧化經營** *129*

- 4.1 數位化管理系統 ———————————————— *130*
- 4.2 連鎖企業資訊系統的特點 ——————————— *133*
- 4.3 網際網路應用 —————————————————— *135*
- 4.4 行動技術的應用 ———————————————— *138*
- 4.5 雲端會計管理系統 —————————————— *140*
- 4.6 商業智慧 ———————————————————— *143*
- 4.7 人工智慧應用 —————————————————— *145*

第五章 **人事管理** *147*

- 5.1 如何做好人事管理 —————————————— *148*
- 5.2 連鎖企業人事管理的特點 ——————————— *150*
- 5.3 總公司組織架構與職責 ———————————— *151*
- 5.4 部門運作問題點及解決辦法 —————————— *165*
- 5.5 總公司職務分類 ———————————————— *169*

5.6 總公司所需會議 ———————————————— 173
5.7 門店組織管理 ————————————————— 174
5.8 門店招募員工 ————————————————— 177
5.9 教育訓練 ——————————————————— 179

第六章 公共關係與促銷管理 186

6.1 公關管理 ——————————————————— 187
6.2 與媒體打交道的十大要訣 ————————————— 193
6.3 促銷管理 ——————————————————— 198
6.4 活動企劃作業規範 ———————————————— 210
6.5 消費者組織與管理 ———————————————— 219

第七章 財務管理與稽核 226

7.1 連鎖企業的會計管理特點 ————————————— 227
7.2 總部財務部門架構 ———————————————— 229
7.3 會計部開店前作業 ———————————————— 231
7.4 經營分析 ——————————————————— 231
7.5 總部與分店的兩套會計制度 ————————————— 237
7.6 連鎖企業的稽核制度特點 ————————————— 240
7.7 門店財務稽核管理辦法 —————————————— 242

第八章 物流管理 245

8.1 物流管理流程 ————————————————— 246
8.2 物流部組織與職責 ———————————————— 248

8.3 物流的成功要素 —————————— 251
8.4 連鎖企業物流管理的特色 —————— 252
8.5 物流資訊系統 ————————————— 253
8.6 物流的運作模式 ———————————— 256
8.7 現代化物流 —————————————— 258

第九章 成功案例 *261*

9.1 武漢美麗椰島美容美髮有限公司 ——— *262*
9.2 東莞名藝世家美髮連鎖集團 ————— *264*
9.3 佛山市香港楓格典國際集團 ————— *266*
9.4 中山蘇奇美髮連鎖集團 ——————— *267*
9.5 深圳鶴祥宮養生連鎖機構 —————— *267*
9.6 中山小欖大力健身 ————————— *269*

附錄

附錄一　總公司加盟管理規章 —————— *270*
附錄二　管理顧問聘任契約 ———————— *282*
附錄三　商標授權契約書 ————————— *289*
附錄四　展店授權申請書 ————————— *294*

參考文獻 ———————————————— *306*

傳承智慧，共繪連鎖未來

作為椰島美容美髮連鎖的負責人，我深知連鎖經營絕非簡單的模式複製，而是文化基因的傳承與創新。在瞬息萬變的市場中，企業若想實現規模化、可持續發展，不僅需要敏銳的商業嗅覺，更需要系統化的經營智慧。而許瑞林先生與徐永堂博士合著的《大健康服務產業連鎖經營實戰攻略》，正是這樣一本將實戰經驗與理論深度結合的行業寶典。

許瑞林先生曾擔任椰島連鎖的CEO，在任職期間，憑藉其深厚的行業積澱與前瞻視野，帶領我們實現了從區域性品牌到全國性連鎖的跨越式發展。他提出的「專業、創新、熱忱、流行」理念，至今仍是椰島企業文化的核心。

本書中，許先生將其30多年的行業經驗凝練成九大管理系統，涵蓋戰略定位、加盟管理、智慧化運營等關鍵環節，既是對過往實踐的總結，亦是對未來趨勢的洞察。徐永堂博士則以學術視角，為書中案例注入管理學的理論框架，使其兼具落地性與前瞻性。

翻開此書，最令人印象深刻的是其「實戰為本」的特色。書中不僅剖析了直營、授權、自願加盟等模式的優劣，更以椰島、名藝世家等真實案例，還原連鎖擴張中的挑戰與解決方案。例如，書中詳細拆解了「商圈調查五步法」，從人潮統計到競爭分析，每一步皆配有表格與工具，可直接應用於門店選址；而「九大系統」章節，則將企業組織、財務管控、物流協同等模組標準化，為連鎖企業搭建了清晰的運營骨架。此外，作者對AI技術、綠色經營、沉浸式體驗等未來趨勢的研判，為企業創新提供了方向。

作為從業者，我尤為推崇書中「細節決定成敗」的理念。無論是加盟

推薦序

流程中的契約規範，還是門店管理的「5S標準」，作者均以「魔鬼在細節中」的嚴謹態度，將抽象理論轉化為可執行的動作。這種對細節的極致追求，正是連鎖企業實現標準化、可複製的關鍵。書中附錄的合同範本、財務模型等工具，更彰顯了其實用價值，讀者可即學即用，規避常見風險。

本書不僅適合美髮業從業者，更可為餐飲、零售、健康管理等服務行業提供借鑒。對於初創企業，它是規避陷阱、快速上手的指南；對於成熟品牌，它是優化流程、突破瓶頸的智庫；對於研究者，它是洞悉連鎖經濟規律的學術參考。在人口結構變遷與消費升級的當下，許瑞林先生以「傳承經驗」為初心完成的這部著作，無疑為行業注入了持續發展的動力。

30餘年深耕，初心不改；九大系統縱橫，智慧結晶。謹以此序，向兩位作者致敬，並誠摯推薦本書給每一位致力於在連鎖領域開疆拓土的同行者。願我們以書中智慧為帆，共同駛向健康與美麗的產業藍海！

曹騁

（武漢美麗椰島美容美髮有限公司董事長）
2025年3月

大健康服務產業連鎖經營實戰攻略

一本值得細讀、反覆琢磨的實戰寶典

作為東莞名藝世家美髮連鎖集團的創辦人，我感到非常榮幸能為許瑞林老師的新書撰寫推薦文。名藝世家從最初的一間美髮店，發展為如今在中國美髮美容服務產業中頗具影響力的新派連鎖標竿企業，這一路走來充滿挑戰與學習。而在這段過程中，許瑞林老師以他卓越的智慧、深厚的專業素養，以及對連鎖經營的前瞻眼光，成為我們最重要的智囊與推手。

許老師自受邀擔任執行顧問以來，為我們集團注入了嶄新的思維方式及系統化的管理觀念。他不僅帶來國際級的連鎖經營策略，更將多年實務經驗與本土市場特性結合，協助我們在快速變化的市場環境中穩步成長，屢屢突破瓶頸，創造出令人驕傲的成果。如今，名藝世家能成為中國美業界口碑卓著的企業，擁有「客量多、技術優、服務好、平均利潤最高、卡金負債最低」的市場口碑，並被譽為「新派連鎖的標竿」，許老師的貢獻功不可沒。

而如今，他將自己多年來在美髮美容產業及大健康連鎖經營領域中累積的寶貴經驗與洞見，集結並整理成這本巨著，更是一件對產業具有深遠意義的事。我相信這本書不僅是許老師職業生涯的一大里程碑，更是所有正在經營或準備投入連鎖事業的創業者、企業家與管理層的重要學習資源。書中內容廣泛涵蓋了連鎖經營的理論基礎、策略規劃、營運管理、人才培養、品牌塑造、數字化管理等多個面向，不僅有系統性，更結合理論與實戰案例，使讀者在閱讀過程中既能感受到深度，又能得到實務參考。

許老師在系統標準化的基礎上不斷創新與調整，讓企業能夠靈活應對市場變化，同時保持穩健成長。這樣的理念，也正是名藝世家能夠持續獲得市場認同的核心關鍵。回顧過去，我們與許老師共同經歷了不少挑戰與

推薦序

突破，每一次的討論與規劃都讓我獲益匪淺。他用心傾聽企業的需要，能以旁觀者的角度發現問題，又能以內部顧問的角色給出切實可行的解決方案。這本書正是許老師智慧的結晶，也是他無私分享與奉獻精神的最佳體現。對每一位懷抱連鎖夢想、希望提升競爭力、面對市場快速變化而不知如何應對的企業家和管理者而言，本書絕對是一本值得細讀、反覆琢磨、隨時翻閱的實戰寶典。

　　最後，我衷心感謝許老師這幾年來對本集團的用心指導與幫助，他不只是我們企業的重要顧問，更是我個人敬重的良師與良友。如今他將多年來的寶貴經驗結集成書，不僅豐富了整個產業的知識資源，也讓更多後進有機會學習到一位頂尖顧問的智慧與實戰經驗。我誠摯推薦本書，相信它不僅會啟發眾多企業管理者的經營思維，也將成為引領更多企業邁向卓越的重要指引。

　　再次感謝許老師的付出與貢獻，也祝福這本書能夠廣為流傳，影響更多有志之士，讓我們共同見證產業的升級與發展。

鄭金城
（東莞名藝世家美髮連鎖集團創辦人）

大健康服務產業連鎖經營實戰攻略

一本能讓任何入行者放在案頭的工具書

很榮幸為許瑞林和徐永堂兩位的新作寫推薦序。

2001年，本人創辦了「新世紀形象管理學院」，主旨就是要推展個人形象和企業形象。在拙作《半小時年輕十歲》裡，我曾經分析過，一個人的形象當中髮型佔了整體的37%，原因是多半職人上班都是坐著的多，被別人關注的部位主要是頸部以上，髮型因此成為個人形象的關鍵因素。可惜，只要稍微留意一下都市叢林的男男女女，多數人很願意花大錢買名牌服飾，卻不願意花多一點錢找個適合的髮型設計師，為自己塑造新形象。

許瑞林老師寫書一向很扎實，早先我在北京任教期間，也曾協助他出版一本厚重的美髮連鎖實戰手冊，記得那時是因為認識時代光華的老總。時光荏苒，許多時空改變，當年的Know-How加上過去這30多年的內地輾轉，這本書應該是他更為勝出的教戰手冊。更何況，還有徐永堂博士的加入，單從章節的鋪敘就知道絕對不是紙上談兵，而是能讓任何入行者放在案頭的工具書。

本書第九章應該是最為精彩的實際案例分享，結合了作者親力親為的輔導，可以讓讀者了解從武漢到廣東，作者苦心完成的連鎖經營實例，這些案例不單是美髮行業，還有養生和健身等相關企業，特別在大陸南方如何從無到有發展連鎖經營，可以成為相關開拓者的借鑑。書末還有福利，就是把實用的幾種規章契約也一併分享給讀者。

推薦序

　　執筆當下正是DeepSeek滿血版問世的時刻，未來的出版行業和作者們想必會受到更大的衝擊，因為任何人只要在手機上滑幾秒鐘，就可以取得難以想像的海量知識。祈願本書能及時帶給讀者豐盛的饗宴，為各位的美麗健康人生注入新解和極具參考價值的力量。

石詠琦

（新世紀形象管理學院創辦人）

2025年春於新北市

大健康服務產業連鎖經營實戰攻略

　　站在同為諮詢師的立場，本書確定可操作性強。許老師諮詢過的專案皆可成功落地，並獲致委託方的讚揚。因此，我強烈推薦這本優秀的巨著。

―――――――――― 陳時新（上海復諾醫院投資管理有限公司諮詢師）

　　許老師以深厚的實戰經驗，系統化闡述美髮美容連鎖企業的管理精髓，從品牌定位、營運管理到人才培育，內容扎實、觀點犀利，以及具高度實用性。對我們楓格典這樣的連鎖品牌而言，這本書不僅是經營指引，更是持續成長的智慧寶典，值得所有業界夥伴仔細閱讀與借鑑。

―――――――――― 蔡文俊（佛山市FG楓格典美容美髮連鎖公司總經理）

　　當代美髮連鎖企業要成功，既需時尚敏銳度，更需系統經營力。許瑞林老師深諳產業脈動，結合理論與實務，為本書注入寶貴智慧。此書對美髮業經營者而言，是一本值得細讀、深思，以及實踐的指南。

―――――――――― 曹觀橋（中山市蘇奇美髮連鎖公司創始人）

　　許老師是美髮美容連鎖經營的權威。加入鶴祥宮後擔任健康養生事業戰略顧問，為本集團導入系統化管理與人本服務理念，深刻影響企業文化與發展。此書凝聚其於美髮、美容與大健康產業的實戰智慧，全面引導企業邁向標準化、制度化、資料化與服務化，是經營者與創業者的實用寶典。

―――――――――― 周珂逸（深圳市鶴祥宮健康養生事業董事長）

　　瑞林是我多年的好友，在美髮業由基層經理不斷精進與成長。將他30多年的經驗彙總成書，連鎖發展有序且詳細說明，相信本書能給讀者、經營者帶來新的知識體驗。由衷祝福將熱愛美髮業這份精神繼續傳承下去。

―――――――――― 張國良（麗的美髮連鎖公司總經理）

推薦語

　　值得推薦的一本好書，智慧的累積來自歲月，經驗的傳承照亮後人的路。這本書深刻剖析智慧與經驗的價值，啟發讀者思考如何在傳承中創新。適合所有渴望成長的人閱讀，從中汲取智慧，讓人生更豐富充實。

―― 薛宗榮（曼都美髮美容連鎖集團處長）

　　透過資源整合、系統整理、靈活運用、充分發揮時勢變化，促使企業永續發展及茁壯！許老師的經驗非常值得不同行業學習及參考，有幸拜讀此著作，借此與大家分享！

―― 林慶根（曼都美容美髮集團部長）

　　作者以美髮業為切入點，深度剖析連鎖經營在美容、健康、養生等服務領域的應用邏輯，從品牌策略、標準化管理到數位運營，層層拆解痛點，提供實用解方。書中融合了市場洞察與團隊打造、服務創新、獲利優化等指導，協助業者在激烈競爭中建立差異化優勢。無論創業者、品牌管理者或跨界投資人，都可以從中汲取打造可持續成長服務生態的智慧。

―― 賴明輝（熙瑪企業管理諮詢公司總經理）

　　這本書針對連鎖服務業的公司治理及面對危機時的處理有極精闢又獨到的見解，書中的案例解說更是許瑞林老師多年來的務實經驗及無私分享，連鎖企業想要邁向永續成長的轉機，就是熟讀這本書。

―― 吳官明（台灣連鎖加盟促進協會監事會召集人、順成食品公司總經理）

　　在這個頭髮比靈感還難打理的年代，本書將帶你走進管理美髮連鎖事業的奇妙世界。無論你是髮型設計師、連鎖店老闆，這本書都能讓你有所領悟。

―― 高銘裕（歐立食品公司董事長）

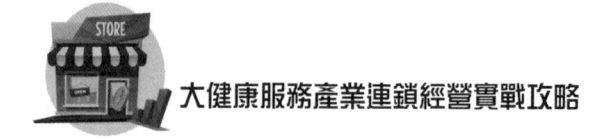

大健康服務產業連鎖經營實戰攻略

　　好友許顧問從事美髮產業經營管理顧問工作30餘年，見證行業從傳統技藝邁向專業化、品牌化的轉型歷程，此書正是他將複雜的經營課題轉化為清晰架構的成果，尤其值得讚許的是，本書跳脫常見的理論框架，以「教練式思維」引導讀者建立系統性管理邏輯。無論是初創工作室或資深連鎖業者，皆能從中獲得啟發，堪稱連鎖經營者的作戰地圖。

—— 曹維楊（味群食品公司董事總經理）

　　本書不僅是業界專家的智慧結晶，還融合了最新的市場趨勢與管理策略，對於任何想在美髮領域成功的業者來說，是一本不可或缺的參考書。書中深入探討如何提升顧客服務、員工培訓及建立品牌形象等多個關鍵，特別適合那些希望擴充市場的連鎖事業經營者與管理者。無論是剛起步的創業者還是有多年經驗的業內老手，本書都將為您提供實用的見解和創新的解決方案。

—— 業緒平（前新光保全集團人事部協理）

　　許顧問是擁有兩岸三地理論加實務的導師，掌握趨勢的變化，將多年輔導經驗集成美髮連鎖經營攻略，不管你想成為名店、連鎖事業或是加盟店，當你拜讀本書，不管在沙龍所碰到的問題，或是重新檢視後找到新的思路，都將有事半功倍的效率來更新管理系統。經營當下請隨時翻閱本書，等同許顧問在身邊指導方略。

—— 陳聰明（美容美髮進口商喜徠化粧品公司執行長）

　　與許老師相識十餘載，見證他為美業傾盡全力。他曾著作的諸多經典教材早已成為美業人的「知識燈塔」。本書承載著許老師從台灣帶來的先進經驗，以及在大陸輔導過眾多美業連鎖的經歷，為美業人鋪就從一到無限的連鎖發展之路，相信每位讀者都能從中汲取智慧，開啟全新篇章。

—— 周書領（中國美容美髮協會常務理事、知心草創始人）

作者序

能將經驗轉成文字傳承，是一件值得高興的事

在當今社會，健康與美麗不僅是每個人追求的目標，更是服務產業發展的重要驅動力。隨著人們生活水準的提升及對自身健康和生活品質的重視，服務產業已逐漸成為現代經濟的一個重要組成部分。而在這其中，美麗與健康的結合，形成了一種全新的商業形態，為企業帶來了無限的商機與挑戰。

大年初六立春，告別寒冷的冬天，迎接春天的溫柔，未來的日子充滿花香與陽光，著手寫序文：1981年，踏入美容美髮行業，從曼都美容美髮的第八家分店經理開始參與連鎖事業，承蒙 曼都賴董事長給予平台，從經理/教育訓練部/總店經理/人事總務/特助/處長/協理/副總經理，在曼都公司18年當中，不斷地調整職位、歷練、進修、成長，至企業的整體營運作策略規劃，讓我堅實成長，並且對連鎖事業有至深的認識。

在1999年，因生涯重新規劃，離開曼都公司，著手與羅惠珍小姐合著第一本書《法國Salon巡禮》之後，陸續出版了10多本有關美容美髮行業管理的書籍，包括：《剪刀手‧狀元才》、《美髮名店的百萬店長》、《美髮美容業連鎖經營法本Know-How》、《美髮美容創業一本萬利》、《美容美髮經營寶典》、《美髮沙龍創業一本通》等。

2009年，承蒙武漢美麗椰島美髮連鎖曹騁先生聘請擔任公司CEO，兩年時間，讓我能夠將之前從事美髮連鎖經營管理的多年經驗，實際運用在椰島企業，使其逐步走上成為健康優質穩健發展連鎖企業的康莊大道，至今已有連鎖店約300家。

2016年，感謝東莞李世海先生推薦至東莞市名藝世家/鄭金城先生、佛山市FG楓格典/蔡文俊先生、中山市蘇奇/曹觀橋先生，以上諸公司擔任經營顧問迄今。

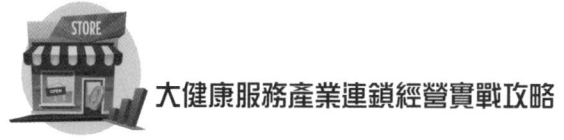
大健康服務產業連鎖經營實戰攻略

2021年，在友人韓杰推薦下正式踏入大健康養身產業，有機會至深圳市鶴祥宮健康養生事業周珂逸先生公司擔任營運顧問，並跨入健身行業，至中山市小欖鎮大力健身連鎖擔任營運顧問。

年齡漸增，一直在思考如何將30多年來的連鎖工作經驗用文字表達出來？2024年2月，因緣際會與在美國的小弟許發文聊天，提起他大學同學徐永堂博士（讀醫學院時經常至我吳興街家中），才知他如今已是傑出人士，當即連繫徐博士，將我先前發行的書籍《美容美髮連鎖Know-How》交予他，經由加入他的學術理論，讓實務與理論結合，並經過多次往返討論，過程中要感謝陳時新老師給予寶貴的意見，讓這本書終於在2025年2月定稿完成。

「剪刀、菜刀、剃頭刀」，在早年台灣社會是不入流的行業，時至今日，美容美髮是時尚、流行、美的行業；乙巳年是一個吉祥的年度，代表事事如意，事事順心，四季發財，四季平安。個人從事美容美髮連鎖事業，秉持信念，一步一腳印，逐夢踏實；自己的理念是專業、熱情、健康、快樂。

父親從小教導我做人要誠信，堅持，一路走到今天，非常開心喜悅，過程中要感謝的人非常多，感謝美容美髮連鎖的經營者給我平台，讓我能夠協助他們的企業順利地衝刺百家連鎖店，邁向更好的經營目標，無盡感謝，在此無法一一表達。

能夠從事自己終身熱愛的行業，又能將經驗轉成文字做為傳承，殊感榮幸。書籍的內容可能不是非常完善，也不能滿足所有人，請行業先進給予批評指教，也請學術界的專家不吝指導指正！

在未來的人生歲月當中，我依然會在美容美髮以及大健康連鎖產業，貢獻智慧經驗傳承，未來可期待。感恩，感謝。

許瑞林

乙巳年雨水於台北桂林路

作者序

美麗健康人生在於精與勤

　　2024甲辰龍年，一天夜裡接到遠在美國的好友許發文先生的問候。交談中，提起他的大哥許瑞林老師，有心想把他在兩岸之間30多年的工作經驗總結成書，傳承給從事連鎖服務產業的經理人與管理人員。於是，有了這次與許老師的合作契機。

　　在美容美髮產業的變革浪潮中，經營模式的革新與管理的精進，已成為企業持續發展的關鍵。本書是以許老師長年深耕於美容美髮連鎖產業的寶典為經、建樹為緯，再加上服務業管理理論為養分，豐富本書內容。許老師擁有豐富的實務經驗，在產業發展、經營策略、品牌塑造等領域皆有深入研究，近年來更致力於連鎖產業的顧問工作，協助企業優化管理、提升競爭力。而本人專注於服務產業與健康福祉產業的經營管理，為本書注入更具前瞻性的理論基礎，使內容兼具實務的可行性與理論深度。

　　臺灣在2025年已邁入高齡化時代，為服務產業帶來新契機，尤其以照顧服務為首。以食、衣、住、行、育、樂等生活領域，以創新服務發展帶來新的產業鏈。在政府邁向「亞太健康福祉產業創新重鎮」的目標下，促進醫材產品朝向智慧化發展，並同時強化創新健康福祉服務與產品。「健康促進服務」主要由提供健康相關產品與服務，滿足使用者對於美髮美容、飲食健康、運動健身、心靈健康、以及健康管理等需求，以期達到最佳狀態，其中包含預防、支持、維持、強化等面向，均屬健康促進產業的範疇。

　　在現今競爭激烈的狀況下，美髮美容業連鎖企業可以選擇不同的市場（賽道），進行多角化經營。我們也在本書最後一章分享了不同市場的成功案例：美髮、美容、養生健康管理與健身中心。

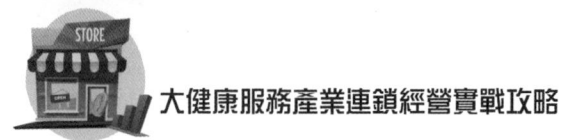

　　本書不僅涵蓋市場趨勢分析、經營管理模式，還分享了實戰案例與解決方案，讓讀者能夠從理論到實務，全方位掌握連鎖經營的精髓。無論是剛踏入產業的新創企業，或是希望突破現狀的經營者，都能在這本書中找到啟發與實用策略。天道酬勤、業精於勤、美麗健康人生在於勤，謹將兢兢業業和「勤」於細節的典範傳承給讀者，是為序！

徐永堂

2025 乙巳年立春日於台中大里大突寮

前言

　　本書雖然以美髮美容產業連鎖為主要講解對象，但具體內容足夠詳細和完善，可供所有服務業者借鑒，相關服務業如：餐飲、零售、旅館、教育、超商、健身、美甲、紋繡、美睫、SPA、健康管理、醫療、藥妝，以及長期照顧養老機構等。

　　本書結構全面且條理清晰，對開店與總部管理多所著墨，而且理論和實務並重，涵蓋連鎖體系的各個方面，無論是初學者還是有經驗的業者都能開卷有益。其中內容絕非是基本知識的累積，更多的是實務與經驗的呈現，而且穿插了許多細節。大家都知道：「魔鬼藏在細節中」。把握細節，才是邁向成功的保障。

　　作者分別從總公司、加盟商和第三者的不同視野講述連鎖體系，更能達到客觀公正。在講述內部管理的幾章中加入了與一般企管不一樣的地方，這樣學企管的人士很快地就能掌握連鎖企業的特色。真正的企管專家只對新的理論和案例感興趣，本書沒有新的理論，但提供很多真實案例。所以說，本書的目標並非挑戰或重構現有的管理框架，而是希望通過一系列真實且具有啟發性的案例，幫助讀者深入了解理論如何在現實中落地執行。

　　我們相信，管理的核心在於實踐，而這些案例正是實踐中最有力的證明，能讓讀者在具體情境中學會應用並舉一反三，最終成為更具洞察力的管理者，或是敢於冒險的創業者。書中並對未來的發展趨勢做了一番論述，為讀者提供全方位的認識與啟發。作者的經驗都來自大公司，而且有多家公司成功諮詢的案例，並深得客戶群的認可與讚揚。

　　書中有很多亮點，例如：第一章構建連鎖企業的九大系統與大健康服務產業、第二章加盟商加入資格與配合方式、第三章商圈調查與門店平面規劃設計、第五章部門運作問題點及解決辦法、第六章企業與媒體打交道的十大要訣、第七章合併財務報表，以及附錄裡的契約範本等。

　　總之，無論是未來式還是現在式，這都是一部專為連鎖經營從業者量身打造的實用指南，幫助讀者全面掌握經營策略與執行細節，讓投資者建構連鎖產業的王國，或使經營者實現持續的業績增長與品牌發展。

概論 第一章

　　從單一品牌單店、單一品牌多店到多品牌多店連鎖（例如：王品集團）是服務業經營模式的演進過程。連鎖經營（Chain Operation）是指由企業通過統一品牌、標準化管理制度、集中化供應鏈和市場策略，組織多家門店在不同地點共同營運的方式。這些門店可由總公司（或稱總部）直接經營或授權他人經營（加盟），以擴大市場覆蓋率和整體提升競爭力。連鎖經營在實際經營時最重要的三件事是「展店」、「業績」與「利潤」。不斷的展店除了搶攻市場外，同時也是企業營運的原動力。總之，連鎖企業是一個可以快速發展的商業平台。圖1.1顯示一個連鎖體系架構圖。

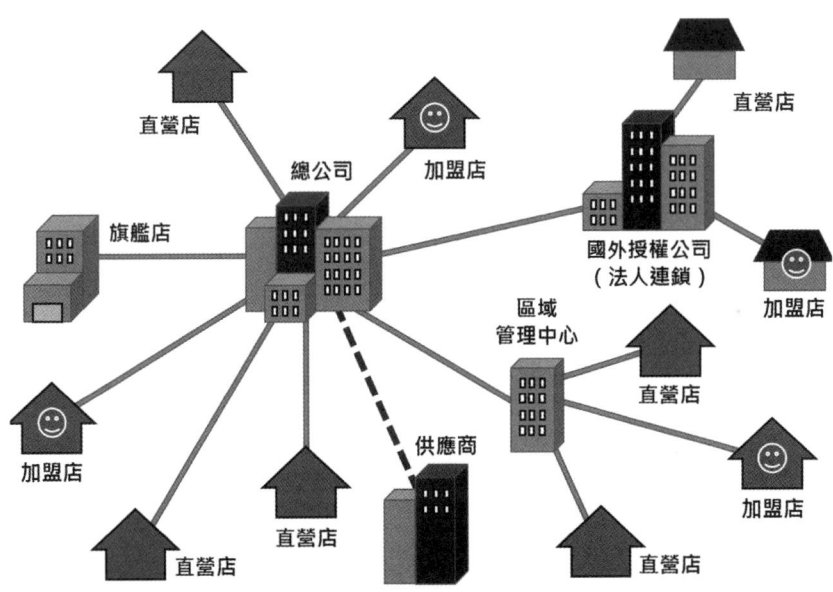

圖1.1 連鎖體系架構圖

　　美國連鎖經營的概念可以追溯到1851年的勝家縫紉機公司（Singer Sewing Company），這是第一家將縫紉機的銷售和維修業務授權給區域的代理商，而中世紀的歐洲和古代中國的商號也早已出現連鎖經營的雛形。企業形成標準化的制度、生產和管理方式，進而以授權或加盟方式快速擴展規模並搶占市場份額，這種商業模式廣泛應用於餐飲、零售、藥妝，以

及各類服務業等領域，知名的成功案例有：麥當勞（McDonald's）、星巴克（Starbucks）、肯德基（KFC）、康是美（COSMED）、全聯福利中心（PX Mart），以及85°C等。

1.1 連鎖體系概念

本章節將講解連鎖概念以及屬於企業識別中的口號與主張。連鎖體系的主要特點在於（模式和經營的）統一性、（商品和技術的）授權與合作、（市場的）規模效應，以及（投資與經營的）風險分擔。

一、連鎖概念

連鎖經營不同於多家獨立門市運作，其概念須符合以下四大要素，並確保商業模式的一致性。

- 經營理念連鎖
- 企業識別連鎖
- 商品服務連鎖
- 經營管理連鎖

擁有這四個一致性的要素，方具備連鎖經營的基礎，才能真正成為「連鎖經營」，也才能充分發揮連鎖經營的總體戰力。下文即介紹這四個一致性的要素：

（一）經營理念連鎖

以顧客為中心，用心服務顧客，做到「沒有最好，只有更好」的境界。將第一線銷售端視為經營重點，滿足顧客群體的需要，貫徹如下的四個固定經營理念，以便更大範圍及更深入地服務廣大客群，而這也是注重市場變化的經營方式。

1. 提供顧客更便利的服務
2. 提供顧客更舒適的環境

3. 提供顧客更專業的信賴
4. 提供顧客更真誠的關懷

（二）企業識別連鎖

建立一套獨特的企業識別系統（Corporate Identity System，CIS），以形成讓顧客肯定和信賴的連鎖店經營模式。一致的商標（Trade Mark）、口號（Slogan）以及其他的視覺辨識內容，除了可以讓顧客易於識別，當連鎖經營到一定規模，顧客能在肯定、認同某一門店的同時，進而瞭解購買的是連鎖店整體的信賴、保證，而不單單只是商品而已，此即為企業識別連鎖的要義。

（三）商品服務連鎖

堅持「商品相同，服務一致」的原則。連鎖店以顧客導向的立場提供個性化的、有品味的、讓生活更加有趣的商品（包括技術），服務也經過一致的規劃及員工訓練，無論到哪一家連鎖店，皆提供一流的商品、一流的服務來滿足顧客。

（四）經營管理連鎖

貫徹「經營集權，管理分權」的原則。連鎖企業的營運方針、經營策略實施中央集權制度，由中央統一規劃。但管理制度改採用授權制，由各連鎖店直接執行，從總店到分店皆一致選擇高效益、標準化，以及簡單化之管理導向。

二、經營觀念的口號與價值主張

連鎖企業重視口號和價值主張（Value Proposition），因為這兩者在品牌傳播和業務拓展中扮演了舉足輕重的角色，能夠有效傳遞企業的價值、願景和核心理念。口號和價值主張同屬於企業識別系統的一部分，必需具有一致性。努力實現口號和價值主張是企業軟實力的展現，下文將簡單介紹。

（一）口號

建立一個簡短、響亮和好記的連鎖經營口號對於品牌形象塑造和顧客

記憶至關重要。一個有效的口號應該簡短有力，突出品牌特色，符合企業的價值觀，並能在顧客心中產生共鳴。

（二）價值主張

明確的主張代表連鎖系統經營的中心理念，屬於企業認同的一部分，不但在內部可凝聚向心力，也能讓消費者對於企業經營的觀念與訴求有進一步的瞭解。

1.2 連鎖經營的型態

連鎖經營的加盟方式不一而足，企業需根據發展目標、市場現況和策略分析結果，選擇適合的商業模式。下列前四種連鎖經營的型態是連鎖加盟體系的四大類型。值得注意的是成功的連鎖體系不止採取單一的經營模式，更多的是同時使用多種連鎖經營戰術，甚至同時經營多種品牌。

一、直營連鎖（Regular Chain，RC）

由連鎖企業全額投資，開設各家分店，因此所有權和經營權皆為連鎖企業所有，成功案例有好市多（Costco）和三商巧福牛肉麵店等。此種經營模式具有以下的優缺點，見表1.1。

表1.1 直營連鎖經營型態的優缺點

優點	缺點
• 總公司控制力強 • 市場情報回饋迅速 • 經營基礎穩固 • 容易標準化	• 投資金額大 • 經營風險集中 • 擴張速度慢 • 難以地區差異化

二、授權連鎖（Franchise Chain，FC）

對於擁有店面，欲加入連鎖體系，但又不想自己獨力經營者，可採取

此種連鎖方式，由總公司占51％股權，加盟主需支付一筆權利金。總公司負責提供整體的企業識別系統設計、教育訓練、供貨系統，以及經營知識與技能等。成功案例有可口可樂（Coca-Cola）和凱蒂貓（Hello Kitty）等。

三、自願連鎖（Voluntary Chain，VC）

自願加盟是由加盟主百分之百出資開設連鎖分店。對於有意加入本連鎖體系的業者，為保留經營權及所有權，可採取本模式，加盟時需付一筆權利金。總公司負責提供整體的企業識別系統設計、教育訓練、供貨系統，以及相關經營技術等，協助加盟主正常營運，而後加盟店自負盈虧。成功案例有永和豆漿和美廉社（Simple Mart）等。

四、供貨連鎖（Supply Chain，SC）

供貨連鎖模式是由加盟主百分之百出資開設分店，品牌方對於分店的企業識別系統及營運方式並不強制規範，因此對加盟店的管控較為薄弱。雙方合作主要在於開店時的支援、商品物流的配送，以及營運時的後勤保障等，但在營業和顧客服務方式上沒有約束力，算是一種簡單版的連鎖經營模式。成功案例如：蘋果公司（Apple Inc.）、小歇泡沫紅茶店。

五、法人連鎖

連鎖企業因不了解海外或偏遠地區當地的政策、法律和市場狀況，可採取法人連鎖（Corporate Chain）方式合作。在這些「鞭長莫及」的地區，可交由一個企業法人直接投資和控制，該地區所有的分店都屬於同一法人實體，並由總公司對接並進行統一管理、決策和經營。此模式比較可確保該地區所有分店的經營、品牌形象和商品服務的一致性。成功案例如：宜家（IKEA）和無印良品（MUJI）等。

六、協力連鎖

對於欲加入連鎖體系的業者，因資金不足或資格不符，無法加入連鎖體系，可採用此種連鎖方式。加盟時需支付一筆權利金，由總公司提供商品、資訊及技術、教育訓練，以及指導經營管理。一方面可降低業者的商品成本，另一方面也可為彼此將來進一步正式合作做更密切的配合。此連鎖方式的店主是實際經營者，與總部合作度較淺。成功案例有全家便利商店（FamilyMart）和摩斯漢堡（MOS Burger，台灣）。

七、委託加盟

委託加盟結合了直營和加盟的特點，由品牌總部委託加盟商經營某一門店，加盟商負責日常營運，但總部保留對經營活動的高度掌控。這種模式適合那些希望擴展市場但又需要保持品牌一致性的連鎖企業。成功案例如：星巴克（大陸）和麥當勞（台灣）。

下表根據不同的經營形態項目分析四種連鎖加盟經營型態，見表1.2。

表1.2 四種連鎖加盟經營型態比較表

經營型態項目		直營連鎖	委託加盟	授權加盟	自願加盟	X\O	X\O	X\O	X\O
1	決策	總公司	原則上以總公司為主，加盟店為輔	原則上以總公司為主，加盟店為輔	參考總公司旨意使得特許加盟有更多決策權	O	X	X	X
2	資金	總公司	總公司	加盟店（與總公司無關）	加盟店（與總公司無關）	O	O	X	X
3	經營權	非獨立	獨立	獨立	獨立	O	X	X	X
4	店鋪經營者	總公司認命之店長	獨立之店主	獨立之店主	獨立之店主	O	X	X	X
5	市場	因新店之開發而擴大市場	因新店之開發與既存之加盟而擴大市場	因新店之開發與既存之加盟而擴大市場	因既存店之加入而擴大市場	X	O	O	O

6	利潤之歸屬	總公司	總公司與加盟店分配	總公司與加盟店分配	加盟店	O	X	X	X
7	開店速度	受限於資金等條件、比其他型態慢	可以迅速開店	可以迅速開店	可以迅速開店	X	O	O	O
8	契約範圍	沒有	經營之全部	經營之全部	經營之全部	O	X	X	X
9	商品供給來源	總公司	向總公司進貨	經由總公司進貨或推薦	經由總公司進貨，也可以自行進貨	O	O	O	X
10	價格管制	依總公司規定	依總公司規定	原則上由總公司規定或推薦	自由	O	O	X	X
11	援助	依經營手冊實施（按總公司指示）	依經營手冊實施（按總公司強而有力的指導援助）	依經營手冊實施（按總公司強而有力的指導援助）	因產品多樣化，僅要點式的接受總公司指導援助	O	O	O	X
12	營業之終止	依公司決策	自由	自由	自由	O	X	X	X
13	教育訓練	全套訓練	全套訓練	全套訓練	自由利用	O	O	O	X
14	加盟店人事權	屬總部	屬加盟店	屬加盟店	屬加盟店	O	X	X	X
15	指導	專門人員巡迴指導	專門人員巡迴指導	專門人員巡迴指導	自由利用	O	O	O	X
16	促銷	總公司統一實施	總公司統一實施	總公司統一實施	自由加入	O	O	O	X
17	總公司的管制	完全管制	強	強	弱	O	O	O	X
18	與總公司關係	完全一體	經營理念共同體	經營理念共同體	任意共同體	O	O	O	X
19	適合的行業	美髮、咖啡、麵包、超市	奶茶、超市、美容	奶茶、超市、美容	奶茶、超市、美容	O			
	優劣合計					16	11	8	2
	結果					優	好	中	差

利用上表並針對四種經營型態，可以為每一橫列項目打分數，其中「O」表優勢，得1分；「X」表劣勢，不得分。合計總分後，即可供某一門店該採用哪一種經營型態進行決策。一般而言，經營型態可由總公司或加盟主自行定位。若採直營連鎖方式，好處是能夠牢牢地掌握永續發展的控制權。連鎖經營是集合人才、技術、資金、市場、銷售、產品，與顧客於一身的企業。以美髮美容業為例，連鎖經營是可以傳承給下一代的好產業。

1.3 連鎖事業的定位

促使消費者對產品與服務有獨特評價、在心目中形成鮮明的企業形象，以及與其他品牌的產品服務做出區隔，這個過程就是市場定位。做好策略分析與市場定位，並從產業定位、企業定位和理念定位開始，以利連鎖事業規劃的進行。過程中形成企業的經營理念和宗旨，目的是要促使消費者對產品與服務的認知和好感，並在同業中形成鮮明的對比。

一、產業定位

進行市場調查或從資深的專業人員了解市場現況。進行產業分析有力工具是波特的五力分析（Porter Five Forces Analysis），對於跨國企業尤為重要，可幫助連鎖事業瞭解產業規模與現況、整體行業的競爭強度和盈利能力，也可用來進行企業的自我體檢。整體產業範圍內將包括：現有同業、想要加入競爭的新進者、替代或協力廠商、供應商和主要顧客群體。

（一）回顧過往，展望未來

早期的加盟產業較為單一，主要集中於餐飲、零售等易於標準化的行業，通過簡單可複製的模式迅速擴張。接著逐步走向多元化與專業化，行業拓展到美容、教育、健身、物流等多元領域，針對特定人群需求提供專業服務。品牌開始重視市場區隔，為加盟商提供更多的支持。

最近的加盟模式則融合品牌故事、文化價值與顧客體驗，吸引情感驅動型消費者。不僅提供產品與服務，更注重品牌價值與顧客參與。相關的行業如精品咖啡與主題餐廳等。隨著消費升級與個性化需求增加，經營方式勢必更加靈活，未來加盟品牌需聚焦於更細分的市場。新興的例子如有機食品、長照中心與兒童健身房等。科技的進步必然重塑加盟模式，無論新舊品牌都需善用資料分析和人工智慧（Artificial Intelligence，AI）技術以提升市場競爭力。將本地化成功模式擴展成國際品牌，此時綠色環保與永續經營將成為企業發展的關鍵。

（二）技術連鎖，無限展開

規劃出加盟商的經營模式，不僅為自己建立新的專業知識和技能，同時可開放給同業參考或使用，將管理的經驗與同業分享，並成立連鎖體系，為整個產業開創更佳的經營模式。

（三）貼近顧客，洞察需求

連鎖店是未來通路的主流，透過連鎖以最好的、最方便的、最值得信賴的服務，提供給顧客，也讓連鎖企業與顧客之間有更近的距離，並在連鎖事業傳統經營中提升為業界的領導者。企業在行銷前需要確定目標人群以及他們的真正需求，傾聽顧客心聲後才能更有把握地進行產品與服務設計。

二、企業定位

經由市場調查以洞悉顧客心理，進行市場區隔，再根據企業本身的優勢與劣勢，尋找目標市場，以便做好企業定位。

（一）創造顧客個人風格

提供整體美的造型設計、針對顧客本身的形象、個性、外貌，以及特質等來塑造不同的個人風格。

（二）提供時尚流行的資訊

對顧客提供整體造型訊息，並將最新的流行資訊，迅速傳達給顧客。

（三）提供整體美服務與產品的便利中心

對顧客提供整體造型產品，並成為提供產品的便利中心，使顧客能輕易地取得所需的用品。

三、理念定位

企業識別系統中的企業理念識別（Mind Identity，MI）屬於精神層次，例如：企業文化、品牌精神、服務理念、責任感、認同感，和凝聚力等。本章節以美容院為例，列舉連鎖企業的理念定位。

（一）提供更專業的信賴

憑藉專業技術與卓越品質，為顧客打造完美造型，並以良好溝通滿足需求，確保承諾落實，讓顧客信任連鎖企業或集團，進而提升品牌影響力。

（二）提供更舒適的環境

各連鎖門市經由專業設計與規劃，擁有舒適和美觀的空間、流暢的動線，以及高效的服務流程，讓每位顧客都能在友善與藝術的環境中，盡情享受美的饗宴。

（三）提供更真誠的服務

以真誠相待、貼心關懷，為顧客提供細緻入微的服務品質，並迅速傳遞最新的國內外流行與時尚資訊，讓每位顧客緊貼潮流前沿。

（四）提供更便利的地點

選擇更便捷的地點來滿足顧客時間上的需求，省時或適合的服務時段。

四、經營理念

簡單來說，經營理念就是一個企業的靈魂，如同企業的指南針，指引著企業在複雜多變的市場環境中，堅持創業初衷，做出適當的決策。每家企業都應保有其獨特的經營理念，以下是中山蘇奇美髮（SUQI HAIR）連鎖集團的實例：

- 開創：開拓是蘇奇持續強勢發展的動力，創新給企業發展注入源源

不斷的動力。

• **專業**：技術是我們的生命，專業是我們一貫的追求，蘇奇的技術敢於接受一切的考驗。

• **領先**：蘇奇敢於站在潮流的尖端，堅決引領時尚趨勢。

• **永續**：蘇奇用心、積極、主動，為事業永續經營傳承播下美好的種子。

五、經營宗旨

經營宗旨是一個企業存在的主要目的和意圖，也可指引著企業的發展方向，並反映出企業的價值觀和經營理念，下列針對五個面向說明經營宗旨。

（一）針對消費者

尊重顧客，做足下列三點，追求提供高品質、高價值且便利的服務，並透過一致性的經營和情感連結，打造消費者的信賴與忠誠。

1. 更加關注顧客：提供更好的專業服務。
2. 更加洞悉顧客：提供更完整的商品組合。
3. 更加滿足顧客：提供更快速的流行訊息。

（二）針對業界

引領市場潮流、促進行業發展，並通過合作、創新與責任實踐，為行業創造價值和樹立典範。同時，下列這些宗旨也有助於構建一個公平、健康且具有長期競爭力的商業生態系統。

1. 更良好的經營型態：產業始終處於傳統與未來的轉變之中，秉持創新與變革的精神，探索更優化的商業模式，為業界提供參考與加盟機會，共創繁榮與永續發展。

2. 更寬廣的發展空間：傳統單一門店或獨立經營的多店僅能提供基礎服務，而現代連鎖體系已突破既有模式，為業界開創新格局，拓展更廣闊的發展空間。

3. **更明確的經營方向**：建構更完善且多元化的連鎖體系，需深入了解顧客的需求與回饋，強化與顧客的溝通橋樑，從而明確產業的發展方向並提升經營效能。

4. **更崇高的業界形象**：為突破傳統單一門店的刻板印象，連鎖經營體系將導入更創新、更優化的模式，重塑企業形象，讓大眾重新認識加盟店的市場定位，同時提升整體連鎖體系的社會影響力。

（三）針對公司

針對公司自身，連鎖企業的經營宗旨在於以下四點。企業通過提升內部效率、強化品牌價值和適應市場變化，實現利潤最大化的同時，也為未來的發展提供有利條件。

1. **更好品質的門店**：以顧客導向的經營模式提升產業發展，從企業形象到門市專業服務皆精心規劃，致力打造高品質的連鎖體系。

2. **更多數量的門店**：為了加速擴大連鎖體系，除了提升專業技術與服務品質外，還需積極拓展據點，以提供消費者更便捷的服務。

3. **更快速的展店**：連鎖系統應朝向大眾市場發展，透過標準化與資訊技術的應用，加速門市拓展，以滿足更多消費者的需求。

4. **開創更高效益的門店**：透過連鎖經營實現規模經濟，並採取統一採購與標準化管理，提高經營效率，最大化連鎖店的整體效益。

（四）針對社會

連鎖企業針對國家與社會的經營宗旨，不僅著眼於商業成功，還強調對社會的正面影響和對國家的回饋。

1. **打造國家繁榮的楷模**：結合當前與未來的生活趨勢，深入滿足顧客需求，塑造優質門店形象，活絡各地市場，提升品牌知名度，成為國家進步與發展的象徵。

2. **增加社會就業的機會**：透過連鎖經營平台，導入現代化管理制度，打造良好的學習環境，並提供合理薪酬，致力於建立更完善的職場，同時為社會創造更多就業機會。

3. 提升員工服務的品質：連鎖體系重視人才培育，透過教育訓練提升員工素質，培養優秀人力資源，以提供更優質的服務回饋社會。

（五）針對員工

連鎖企業針對員工的經營宗旨，旨在建立以人為本的管理模式，提升員工幸福感與價值感，並打造穩定且有成長性的工作環境。以下是針對加盟店員工具體的優勢：

1. 更具吸引力的福利：加盟店通常會提供與總部相似的福利制度，包括：勞健保、退休金，以及員工折扣等。許多加盟店會設置績效獎金制度，鼓勵員工努力工作，提高門店的營運績效。

2. 更廣闊的發展平台：加盟店通常是連鎖企業的一部分，員工有更多的機會接觸到不同的部門、職位和專案，可拓展自己的專業技能。加盟店通常擴張速度較快，需要大量的人才，因此員工的晉升空間相對較大。大多數加盟系統都提供完善的培訓課程，幫助員工提升專業知識和技能，為未來的發展打下良好基礎。

3. 更穩定的工作環境：加盟店有知名品牌的背景，具有較高的市場知名度和顧客忠誠度，這為員工提供了更穩定的工作環境。透過標準化作業流程，員工可以按照既定流程工作，減少不確定性。

1.4 美髮美容連鎖店的定位

以顧客對美的需求與滿意為依歸，提供美的商品服務，以符合顧客的要求，使顧客滿意為目的，甚至超出顧客的預期，亦是其最高指導原則。不斷的搜集美的時尚資訊，調查國內外消費流行趨勢，即時向顧客反饋，並站在顧客的立場，以同理心瞭解顧客需求、貼近顧客，創造個人風格，塑造顧客最美的形象。

一、商品服務定位

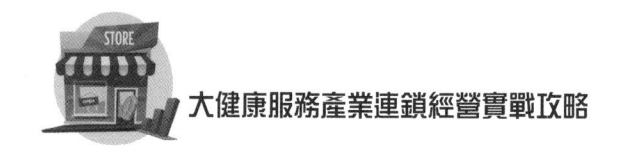

高端美髮美容連鎖店應對本身的經營有一明確的定位，如以下三點：

（一）生活的

「美麗的生活伙伴」，陪伴顧客成長的美麗大使，以貼心加細心、無微不至的關懷，提供顧客美的生活所需的商品與服務。

（二）品味的

所提供的商品和服務皆是高品味的，走在時代潮流尖端、符合個人特色，而維持高品質、高格調，亦是所秉持的精神及待客之道。

（三）個性的

提供顧客商品和服務時，考慮顧客的身份、職業、年齡及個性，提供最佳的服務，使顧客散發出個人獨特魅力。

二、消費者定位

消費者定位需在行銷策略時完成，前期作業是市場調查。卡諾分析（Kano Analysis）是一種用於分析顧客需求和滿意度的絕佳工具。它可以幫助企業了解不同產品或服務的功能或特徵對顧客的影響程度，並根據分析結果，制定更有效的產品或服務策略。區隔市場就是區隔特定的消費人群，至於消費者的定位，可以簡單地從下列幾個方向來加以審視：

（一）主要目標市場

針對年齡在22～40歲之間的上班族，以家庭主婦為主。

1. 特徵：教育水準高，自我意識較強，重視自己的外表和形象，生活方式注重社交生活禮儀，努力工作或照顧家庭，積極尋覓更好的自我。

2. 消費行為：由於有經濟基礎及重視自我，在消費活動中呈現多樣化且個性化。這個族群對流行和時尚相當敏銳，並且對個人形象及美麗的追求不遺餘力。

（二）次要目標市場

針對年齡在16～22歲之間的女性青少年與青年，以學生為主。

1. 特徵：屬於「生得少、而被妥善養育」的一代，在豐富的物質和爆

炸的資訊中長大成人，生活喜歡多采多姿，追求自由自在、舒適、流行感相當強烈。

2. 消費行為：雖然打工所得不多，但由於擁有富裕的上一代，因此不缺可自由運用的金錢。生活上追求時髦、對味的感覺，有極強的消費組合能力，講究打扮，著重造型，寧願節約飲食而費心裝扮。

針對年齡在40～60歲之間的女性中年人與老年人，包括在職人員和退休老人。

1. 特徵：以往生活的目的在於「照顧丈夫及子女」，但隨著丈夫事業有成，子女長大，在有許多空閒時間的情況下，重新尋找生活重心，因此再進長青大學充電的意願增加，同時熱衷於社會公益。

2. 消費行為：因為數十年的財務積累，享有優厚生活、經濟寬裕，故屬於享受人生的「高流通性」消費族群。由於年華老去，對裝扮及美麗外表十分講究，但對日常生活開支則非常節省。傾向於降低物慾，追求充實與寧靜的心靈，而且重視社會地位及外人對自己的評價。

（三）潛在目標市場

針對年齡在16歲以下的女孩。

1. 特徵：主要來自父母親的影響。他們的父母具有較高的經濟水準，而且非常重視外在形象。願意為孩子提供優質的教育和生活條件，包括美髮美容方面的服務。此外，這些家庭所處的社交圈中可能有很多同樣重視外在形象的人士。再來就是女孩本身正處於建立自我形象的階段，希望能展現獨特個性，獲得同儕認同。

2. 消費行為：她們的父母對高端品牌有較高的忠誠度，並願意為這些品牌的高品質產品和服務付出更高的價格。願意為孩子提供良好的物質條件，希望通過消費來展示自己的社會地位和品味，並以此來教育孩子。還有女孩本身為了參加生日派對、畢業典禮等重要場合時，她們希望以最完美的形象亮相。若遇到學習表現優異，犒賞自己，也會去高端美髮美容院。

依公司經營策略推出男性專門店，針對全年齡段的男士。

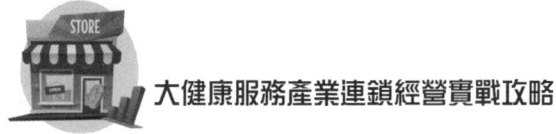

1. 特徵：如為男孩，應考慮他們的家庭因素，參考上文所述。如為男士則通常具備一定的經濟能力，對自己的外表較為在意，希望透過專業的造型設計來提升個人風采。他們注重生活品質，對時尚潮流有一定的了解。總之，他們對自我形象有較高的要求。

2. 消費行為：他們追求個性化服務、重視產品品質，以及關注服務細節。選擇高端有品牌的美髮美容院，願意為優質的服務和產品付出更高的價錢。

三、美髮美容連鎖店的優勢

美髮美容連鎖店相較於獨立經營的美容院具備多方面的優勢，能幫助創業者降低風險並提升成功率。下列就十個觀點來解釋本章節主題：

（一）優質品牌

品牌是美髮美容連鎖店最珍貴的資產。統一的品牌形象能讓消費者一眼認出，並產生信任感。專業認證，如ISO認證或業界認可的獎項，能有效提升品牌形象。鼓勵顧客在社群媒體分享體驗，能產生強大的口碑效應，吸引更多潛在顧客。加盟美髮美容連鎖店的優質品牌，不僅能降低創業風險，還能借助品牌力量快速進入市場並保持持續增長。這些優勢使得加盟商在激烈競爭的行業中更具成功的可能性。

（二）連鎖店之經營

美髮美容連鎖店以其專業性、高標準化及客戶需求的多樣化服務，成為連鎖經營中的成功典範。連鎖店經營優勢在於其整合資源與高效管理，透過專業化技術、品牌信任、標準化營運和創新能力，為顧客提供優質的服務，並幫助加盟商在競爭激烈的市場中穩步發展。

（三）專業之技術

美髮美容連鎖店憑藉規模化營運和集約化管理，在專業技術上擁有顯著的優勢，這些技術優勢為顧客帶來高品質的服務體驗，也提升了品牌的市場競爭力。連鎖店憑藉其專業的技術培訓、標準化流程、持續創新和高

品質產品，構建了穩固的技術優勢。這不僅提升了顧客的滿意度，還使得連鎖品牌在激烈的市場競爭中脫穎而出，成為專業與品質的代名詞。

（四）不斷之教育

美髮美容行業是一個不斷變化的領域，新技術與流行趨勢層出不窮。美髮美容連鎖店通過持續教育和培訓，能夠保持技術領先並提升整體服務品質。透過不斷教育，建立了技術領先的優勢、專業化的服務品質以及創新的市場應對能力。這不僅有助於品牌長期發展，也讓每位顧客都能享受到高水準的服務體驗。

（五）充足的人力資源

在服務業中，人力資源是企業成功的關鍵因素。美髮美容連鎖店透過完善的人力資源管理和規模化運作，能確保人員充足且素質優良，展現出以下顯著優勢如：維持穩定的服務品質、更靈活的排班與營運、專業分工提高效率、快速應對業務需求、持續人才培養、增強顧客滿意度、減少員工流失風險，以及提供多元化服務。

（六）主動出擊

美髮美容連鎖店在市場競爭中，通過主動出擊的經營策略，能快速抓住市場機會並獲得競爭優勢。主動出擊策略所展現的核心優勢有快速擴展市場、及時新技術與產品的引進、深入挖掘顧客需求、加強與加盟商的合作，以及高效應對市場變化等。

（七）主動回饋顧客

美髮美容連鎖店因其規模化營運、資源整合能力及品牌經營策略，在主動回饋顧客方面展現出顯著優勢。美髮美容連鎖店憑藉資源整合能力、會員管理系統及數位化管理，能在主動回饋顧客方面提供更高效、更有價值的服務體驗。這種優勢不僅提升了顧客的忠誠度與滿意度，也為品牌創造了長期的市場影響力與競爭優勢。

（八）整體的企業識別系統

企業識別系統是企業品牌形象的重要基石，包括：視覺識別（Visual

Identity，VI）、行為識別（Behavioral Identity，BI）及理念識別。美髮美容連鎖店透過引進企業識別系統，能有效統一品牌形象並在市場中占據顯著優勢。企業識別系統的成功應用，不僅鞏固了品牌的市場地位，也是連鎖企業長遠發展的重要一環。

（九）與流行同步

美髮美容行業是一個受潮流影響深遠的產業，顧客對流行趨勢的追求直接影響其消費選擇。美髮美容連鎖店憑藉規模化的經營模式與資源整合能力，能夠更快、更準確地掌握市場趨勢並應用於服務中，展現出以下優勢：敏銳捕捉潮流資訊、快速推出新商品和新服務、從線下到線上以提升知名度、專業教育提升技術同步性、維持品牌的時尚形象以及國際化資源的引入等。

（十）高品味的服務

在美髮美容行業中，顧客的體驗和服務品質直接影響品牌的聲譽和顧客忠誠度。美髮美容連鎖店通過標準化與高水準的服務，能提供一致且優質的顧客體驗，從而展現出高品味的服務優勢。具體表現如下：專業技術與個性化設計、完善的服務流程與細節關注、先進的設備與舒適的環境、無微不至的顧客服務、定期的專業培訓與更新、尊貴會員服務與專屬待遇、一致性的服務標準，以及持續的顧客關懷與後續服務。

1.5 美髮美容業的九大系統

本章節以美髮美容業為例，將連鎖企業經營知識與技能區分成下列的九大系統。通過表1.3至表1.11包含的項目名稱，讀者可以對連鎖企業的經營有一個全面和概括性的認識。此九個表格如同九張拼圖，可以拼湊出連鎖企業全貌。

1. 企業組織系統：企業文化、企業發展策略、商標、企業識別系統、組織架構、股權分配、會議，見表1.3。

概論 第一章

2. **營運展店系統**：業績、客數、展店、專案開發、客單價、促銷活動、定價策略、銷售，見表1.4。

3. **財務管理系統**：損益、資產報表、股利、資金管理、薪資、資產、庫存管理、報銷流程、稅務，見表1.5。

4. **教育訓練系統**：準設計師、店長班、商業技術、管理、專業、產品，以及洗護燙染等課程編制，見表1.6。

5. **人事管理系統**：薪資制度、人力標準開發、勞動契約、保密協議、培訓、管理規章、晉升、福利制度，見表1.7。

6. **物流管理系統**：貨品管理、商品開發引進、配送、庫存管理，見表1.8。

7. **管理服務系統**：行政客服經理、服務流程、工程裝修、宿舍、伙食、環境衛生、店證照辦理、安全管理、美甲管理，見表1.9。

8. **資訊管理系統**：企業應用軟體、研發、管理、顧客消費、網購資訊分析，見表1.10。

9. **美容管理系統**：美容部組織架構和職責、制定標準、行銷與展店、業務拓展、門店管理，見表1.11。

一、企業組織系統

從企業組織架構談起，不僅能幫助諮詢雙方快速掌握連鎖企業的整體樣貌，了解新門店的加盟方式，知道所需合約及其編寫內容，懂得組織的運作概況，以及認識企業識別系統。本系統是後續策略制定和執行計畫的堅實後盾，見表1.3。

表1.3 企業組織系統要項

編號	1. 企業組織系統 內容	執行單位	進度月份 V完成 △進行 ○討論												備註
			1	2	3	4	5	6	7	8	9	10	11	12	
1	商標、圖騰														
2	公司執照														

3	組織架構圖													
4	企業文化手冊\簡介\微影片													
5	商標授權書													
6	管理顧問合約													
7	門店授權書													
8	股東合約書													
9	房屋租賃合約（含宿舍）													
10	裝修工程合約													
11	合作商合同													
12	企業識別系統手冊													
13	會議管理（年度\年中\季度\高層\區域\店\週\早會）													
14	辦公室管理													
15	企業發展策略													
16	總管理處各部門工作職責													

二、營運展店系統

　　此處的展店即開店。在業界，展店另有一個意思，指的是整個連鎖企業的拓展策略，重點在於擴大品牌的市場占有率和規模。本系統涵蓋從業績目標設定到日常營運的全方位內容、點出顧客資料管理的重要性，以及展店、併店，整店與關店的作業等，幾乎包括連鎖經營管理的核心議題，見表1.4。

表1.4 營運展店系統要項

編號	2. 營運展店系統 內容	執行單位	進度月份 V完成 △進行 ○討論												備註
			1	2	3	4	5	6	7	8	9	10	11	12	
1	業績目標\客數\客單價\項目														
2	整年促銷活動方案手冊														
3	營運會議														

概論 第一章

4	薪資標準														
5	展店手冊														
6	關店、併店、整店標準														
7	店長班、儲備店長課程														
8	門店服務流程標準手冊														
9	專案開發														
10	定價策略														
11	裝修風格														
12	跨區開店														
13	異業合作														
14	商圈拜訪														
15	美髮部各部門職務職責														
16	美髮門店人員標配														
17	顧客資料管理														

三、財務管理系統

這是一套完整的財務管理框架，從報表分析到資金管理，從流程設計到稽核執行，為連鎖企業實現精細化財務管理提供了實踐指南。通過這些標準化操作，企業將能夠有效管控財務風險、提升資金運作效率，以及實現長期穩健發展，見表1.5。

表1.5 財務管理系統要項

編號	3. 財務管理系統 內容	執行單位	進度月份 Ｖ完成 △進行 ○討論												備註
			1	2	3	4	5	6	7	8	9	10	11	12	
1	財務各類報表														
2	財務部門工作職責、流程														
3	報銷流程（薪資、分紅、門店、廠商、總部）														
4	報稅流程（店定稅、公司）														

41

5	新展店投資損益表													
6	股東股款入、退股流程													
7	收銀流程、課程、考核標準、會議													
8	現金、銀行帳號、管理													
9	收銀會議													
10	稽核門店流程													

四、教育訓練系統

連鎖美髮企業的成功不僅依賴服務品質，更仰賴完善的教育訓練體系與專業技術的持續精進。本系統乃主要針對門店，項目包括美髮教育訓練的核心內容，從職務職責到課程規劃的全面指南，實現技術與服務的雙向突破，助力企業打造卓越的專業團隊。如為其他行業，則填入適合的教育訓練課程，見表1.6。

表1.6 教育訓練系統要項

編號	4. 教育訓練系統 內容	執行單位	進度月份 V完成 △進行 ○討論											備註
			1	2	3	4	5	6	7	8	9	10	11	12	
1	美髮教育訓練職位職責														
2	毛髮理論洗剪吹燙護染教材、教案彙整														
3	所有課程編排表（洗護剪吹燙染班）														
4	老師學習訓練表														
5	創意小組商業髮型發表流程														
6	準設計師班課程制定														
7	新展店、舊店新裝課程														
8	老師定期下店流程														
9	外聘髮型師標準、培訓流程														

10	學習證													
11	教室管理流程													
12	定期舉辦各項目比賽流程													
13	對外參加比賽													
14	參加政府辦理執業證													
15	外聘產品、銷售、心理老師課程													

五、人事管理系統

本系統列舉「人事課」的職責。主要包括總部的人事管理，同時也需支援「人資課」關於門店人事的規劃和管理，見表1.7。

表1.7 人事管理系統要項

編號	5. 人事管理系統 內容	執行單位	\multicolumn{12}{c}{進度月份 V完成 △進行 ○討論}	備註
			1	2	3	4	5	6	7	8	9	10	11	12	
1	人事管理規章手冊														
2	人事部門職位職責														
3	人事部門報表														
4	入職、離職流程														
5	企業標準人力配置（總部、門店、各關係企業）														
6	勞動合約（總部、門店、保密協議）														
7	學校、培訓機構人力引進														
8	企業各部門考核表														
9	薪資制定、核算（總部、門店、各關係企業）														
10	管理處規章制度														
11	經營管理課程制定														

六、物流管理系統

物流管理標準作業手冊是連鎖企業確保物流運作順暢、降低錯誤率的重要工具。本系統還應涵蓋角色與職責分工、流程圖展示從訂貨到配送完成的整個過程，以及訂貨與倉儲管理等，見表1.8。第八章提供進一步說明。

表1.8 物流管理系統要項

編號	6. 物流管理系統內容	執行單位	進度月份 V完成 △進行 ○討論												備註
			1	2	3	4	5	6	7	8	9	10	11	12	
1	物流部手冊														
2	物流部經理職位說明書														
3	物流產品訂購表														
4	物流配送流程														
5	總部進、出存貨管理、盤點（財務部）														
6	報表報送（出貨請款單、廠商請款單）														
7	新產品引進、教育訓練														
8	門店庫存盤點														
9	送貨員管理														
10	送貨車輛管理														
11	新展店所有產品配送														

七、管理服務系統

表1.9列出連鎖經營日常的各種管理，其中「髮廊5覺」是一種以感官體驗為核心的服務理念，強調在髮廊的服務中滿足顧客的五種感官需求，進而提升顧客的滿意度和忠誠度。這種理念主要聚焦於視覺、聽覺、嗅覺、觸覺和味覺，目的是提供全方位的舒適和愉悅感受。5S標準是開店必需遵守的準則，亦是成功開店和營業的基礎。此5S標準分別代表：

- 整理（Seiri）
- 整頓（Seiton）
- 清掃（Seiso）
- 清潔（Seiketsu）
- 素養（Shitsuke）或紀律

表1.9 管理服務系統要項

編號	7. 管理服務系統內容	執行單位	進度月份 V完成 △進行 ○討論												備註
			1	2	3	4	5	6	7	8	9	10	11	12	
1	行政客服經理訓練課程														
2	服務流程														
3	工程裝修（廠商、程序）														
4	宿舍管理														
5	伙食供應														
6	環境衛生														
7	店證照辦理														
8	安全管理														
9	美甲、紋繡、美睫														
10	5S管理														
11	髮廊5覺管理														
12	對門店實施定期考核、獎罰														

八、資訊管理系統

　　連鎖企業需要多種資訊系統來支持業務營運，員工需要根據角色學習不同系統的操作。加盟店應著重培訓員工掌握核心系統，例如：預約系統、銷售時點情報系統（Point of Sale，POS），以及客戶關係管理系統等，管理層則需進一步熟悉進銷存、商業智慧（Business Intelligence，BI）和行銷管理等進階系統，以確保高效經營和優質服務，見表1.10。

表1.10 資訊管理系統要項

編號	8. 資訊管理系統 內容	執行單位	進度月份 V完成 △進行 ○討論													備註
			1	2	3	4	5	6	7	8	9	10	11	12	
1	美髮、美容、物流電腦軟體公司														
2	財務軟體,包括:POS系統														
3	各部門電腦、密碼管理														
4	門店電腦、密碼管理														
5	所有企業內申請網路管理														
6	會員卡、會員服務管理（生日、積分）														
7	即時通訊軟體開發（如微信、LINE）														
8	股東系統														
9	網購開發														
10	視訊會議流程管理														
11	創意小組流行髮型圖片製作														
12	顧客反饋訊息分析														
13	其他必要之軟體														

九、美容管理系統

本系統羅列的項目專為「美容部」而設。此部門主要職責為新技術管理，也涉及門店管理、業界標準和支援，見表1.11。

表1.11 門店管理系統要項

編號	9. 美容管理系統 內容	執行單位	進度月份 V完成 △進行 ○討論													備註
			1	2	3	4	5	6	7	8	9	10	11	12	
1	管理部組織表、職位職責														
2	美容門店人員標配標準														

3	薪資標準									
4	整年促銷活動方案手冊									
5	美容技術會議									
6	服務流程標準									
7	美容合作醫美標準									
8	辦展會標準（合作書、產品、業績、天數）									
9	巡店標準									
10	門店產品庫存管理									
11	顧客資料管理									
12	展店標準									
13	併店、購店、整店標準									
14	商圈拜訪									
15	專案開發									
16	定價策略									

1.6 未來的加盟趨勢

　　加盟模式在近年來飛速發展，並不斷演進。隨著產業與供應鏈競爭日益激烈，消費者需求多元化，以及科技的快速發展，為了適應不斷變化的市場環境，加盟模式的未來發展呈現出許多新的趨勢和挑戰。以下是影響加盟模式未來發展的趨勢與方向：

一、新興行業的加盟潛力

　　加盟模式作為企業擴張的重要策略，已在傳統零售、餐飲與服務業等行業中取得巨大成功。然而，隨著市場環境與消費需求的快速變化，因應加盟模式的優勢，新興行業的崛起正為加盟模式注入全新的潛力。新興行業

如健康與養生產業、綠色與永續產業，以及數字經濟與科技服務等。其中綠色與永續產業包括電動車充電站、零廢棄商店等在內的環保相關業者。

二、加盟市場的全球化發展

隨著全球化的進一步深化，加盟市場正在打破地域與文化的限制，成為企業國際化的重要手段。無論是發達國家的知名品牌進軍新興市場，還是新興市場的本土品牌拓展至國際舞台，加盟模式的全球化發展正呈現出巨大的潛力和挑戰。

三、數位化與人工智慧化經營

數位科技如資料探勘、巨量資料（大數據）分析、虛擬實境（Virtual Reality，VR）、物聯網（Internet of Things，IoT）以及人工智慧等不斷創新，深深影響各行各業，加盟模式自然不可避免。可用於提升管理效率和顧客體驗，也可虛擬化或輕資產經營。下列即簡單介紹其中的三個發展方向：

（一）輔助管理決策

品牌方可利用決策輔助系統分析或「儀表板」（Dashboard）了解企業內部營運，並據此進行市場預測、顧客行為分析和精準行銷計畫，協助加盟商降低經營風險。上述之儀表板是一個為管理高層提供的「一站式」（One-Stop）資訊視覺化決策支援的管理資訊中心系統，內置有軟體實現的各式儀表板，用來顯示與挖掘各種管理資料。

（二）智慧化與遠距管理

導入銷售時點系統、雲端運算（Cloud Computing）和行動（Mobile）應用，實現加盟店營運的自動化、可視化與智慧化管理，進而累積資料和經驗以形成商業智慧和遠距管理。

（三）虛實互相結合

聯動與整合線上和線下（Online to Offline，O2O），結合電子商務

（e-Commerce）與實體商務，讓顧客可以在線上購買並在線下體驗，可帶動實體通路的消費並滿足顧客多元化需求。美髮或美容行業則適合由實跨虛的服務模式。

四、愈加個性化與細分市場

消費者的需求將更趨多元化，加盟模式需針對特定人群和需求打造差異化產品與服務。以下是三項未來發展的方向：

（一）引進其他相關專業化服務

引進並融合諸如健康管理、美容醫學、兒童教育等領域的服務，以形成新穎的商業經營模式，與時俱進以切合顧客需求。

（二）在地化調整

進行市場調查，依據客觀調查結果，結合當地文化、人口結構和特殊需求重新建立行銷策略、設計產品，以提升區域市場的接受度。

（三）加強客制化體驗

提供個人專屬產品或服務。例如：客製化飲品、健康管理，或健身計畫等，可增加顧客再購買的回頭率。

五、可持續發展與環保經營

全球環保意識增強，消費者更傾向支持注重永續發展的企業。如果產業想要進軍北美和歐盟市場，就更需要加強可持續發展和環保經營方式。下列介紹未來發展的三個施力點：

（一）綠色與可持續加盟模式

依據品牌精神，設計環保建築、門店和商品，使用可減碳和再生材料，並推動資源再利用政策。

（二）低碳經營方式

引進可再生能源、節能設備，並倡導綠色生產、營運與物流。

（三）與永續供應鏈合作

選用對環境友善的供應商和代工廠,確保產品符合歐美規定、永續經營及綠色環保標準。

ESG標準認證已成為全球企業競爭力與永續發展的重要指標,廣泛應用於公司治理、營運管理、產品研發,以及供應鏈等各項業務當中。ESG包含如下的三個核心原則:

1. 環境(E-Environmental):減少物流活動對環境的負面影響,如碳排放和污染。提高資源使用效率,推動綠色供應鏈。

2. 社會(S-Social):確保物流業務對員工、合作夥伴和社區的正向影響。改善物流服務,滿足客戶的可持續性需求。

3. 治理(G-Governance):建立透明、高效的物流治理結構。確保供應鏈合規性,並推崇高標準的道德行為。

六、品牌體驗與價值導向

消費者更加注重品牌文化與情感連結,加盟品牌需要從精神層面和社會工作,更貼心與柔性地與顧客建立深層次的關係。以下介紹三個未來的發展方向:

(一)替品牌講故事

宣揚品牌的歷史、企業文化和價值觀,與顧客建立長期的情感並產生共鳴,企業也需善盡社會責任。

(二)沉浸式體驗

沉浸式體驗是一種讓消費者深度參與並感受到品牌價值的體驗方式,可靈活應用於實體店和線上環境。總公司需打造獨特的加盟店空間與互動環節,融入當地文化,讓顧客在消費過程中獲得娛樂與參與感。

(三)連結社會工作

加盟門店融入當地社區,參與公益活動或文化推廣,提升品牌認同度。平行進行加盟社群建設,共同分享經營成功經驗與資源。

七、加盟模式更加靈活化

隨著創業形式的多樣化，加盟模式需要更加靈活，降低准入門檻並提供加盟者更多元化的選擇，並加強對加盟商的全程支持。

（一）允許小型化加盟

推出小規模的迷你門店或移動商店車，例如：微店或餐車，降低投資門檻，適應都市狹小空間的特殊需求。

（二）多品牌協同共存

同一門店內融合多個品牌或業態，例如：餐飲配合零售，或是開創文創空間，以提升商店坪效與顧客吸引力。

（三）短期加盟選項

從經營時效考慮，針對特定活動、節慶或季節，推出短期合作的加盟模式，例如：快閃店，以期降低長期經營所承擔的風險。

八、平台化與生態系統整合

加盟模式將進一步平台化，整合上下游資源，形成完整的生態系統。將加盟商、供應商、消費者等各方聯繫起來，形成一個共生共榮的生態圈。如想跨境加盟，實施全球化經營，則更需建立資源共享平台，在全球範圍內加強加盟商之間的資源共享與交流，促進跨區域的經驗學習。以下列舉三個未來的發展方向：

（一）建立更優化的供應鏈

全球化統一採購與分配，強化供應商管理與合作，建立長期合作關係，以提高商品供應效率並降低成本。

（二）資源共享

加盟商之間交流並共享行銷工具、資料庫（Database）、商業智慧和物流服務等，但需考慮不同地區消費者的文化和習慣。

（三）多業態融合

品牌提供更多樣化的選擇,例如:零售、電商,以及服務業態等,吸引不同背景及條件的加盟商參與,並確保加盟商成功。

1.7 美髮美容業的多角化經營

美髮美容業連鎖企業可以多角化經營主要取決於市場需求、消費趨勢,以及現有資源的優勢。以下是基於市場環境的轉型建議:

一、醫學美容與皮膚管理

配合醫美市場成熟且技術先進,美髮連鎖店可轉型為皮膚管理中心,或與醫美診所合作,提供術前與術後的護理服務。可導入雷射護理、無創保養（如水飛梭、音波拉提）、頭皮管理等高附加價值服務。

二、SPA養生與芳療

結合中醫理論,導入草本精油按摩、經絡美容,以提升消費者黏著度。開發「頭皮SPA」,結合洗髮、肩頸按摩,可提升客單價。

三、高端私享會所模式

在大都會區設立VIP私享會所,結合茶道、輕餐飲、私人訂製護理,以吸引高端客群。針對金字塔頂端客戶,推出個性化髮型顧問會員制。

四、養髮抗衰產業

由於現代人對脫髮問題日益關注,美髮企業可轉型為「專業頭皮養護中心」,提供毛囊檢測、育髮療程。也可以和中醫診所合作,導入「草本育髮」、「生髮針灸」等特色服務。

五、大健康服務產業

　　由於美髮美容業的核心消費群體（如愛美人士、中高端客戶）與大健康服務產業（如健身、養生、傳統醫療）有高度重疊，轉型可降低市場開發成本。美髮師、美容師本身熟悉護理、美學概念，經過培訓可拓展到頭皮健康管理、養髮抗衰、芳療SPA等領域。門店可升級為提供整體健康管理的空間，如結合中醫、道家養生、營養，以及情緒管理等，見圖1.2。

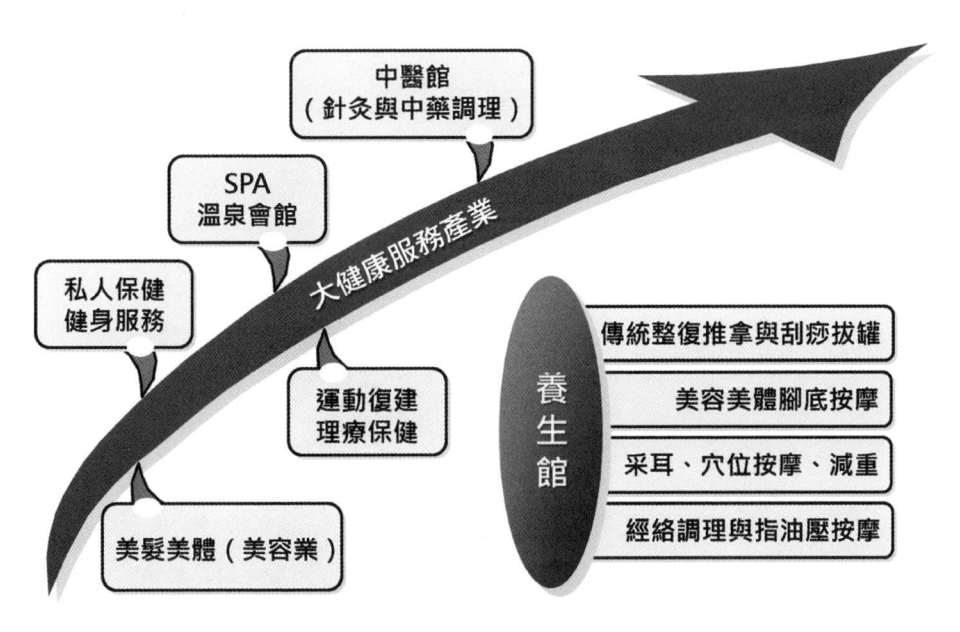

圖1.2 大健康服務產業

第二章 加盟管理

市場證實加盟確是一種降低創業風險的有效模式，適合希望憑藉成熟品牌快速進入已知市場的創業人士。選擇合適的品牌並善用品牌資源，透過加盟品牌的業務網絡即可快速建立客群。然而，加盟者需權衡本身的條件、加盟的自主性和成本問題，並選擇值得信賴且具長期發展潛力的品牌方合作，才能增加創業的成功機率。參考與比較本章內容和附錄一之「總公司加盟管理規章」，可獲得更多的加盟管理訊息。下列是適合加盟的人選：

- **初次創業者**：缺乏創業經驗但想快速進入某市場的人士。
- **尋求穩定模式者**：希望降低風險且可接受品牌規範的人士。
- **資金充裕者**：能夠承擔加盟費及前期投資的人士。

2.1 加盟之優勢與劣勢分析

加盟是一種常見的創業與投資模式，讓加盟者以市場上已經證實成功的品牌和經營模式開展業務。與自行開店或創業相比較，分析加盟模式主要的優勢與劣勢如下：

一、加盟之十大優勢

利用加盟的優勢，可以幫助投資方快速進入市場、減少創業風險，並藉助品牌力量實現快速發展，而後善用加盟品牌提供的標準化制度與管理系統，提升營運效率。

（一）開辦、裝潢費用之降低

由於有現成品牌和成功經營模式的支持，不但可減少試誤過程，同時可快速吸引顧客，加盟者總是可比同業自行運作費用更加節省。此外，總部協助選址、開店裝潢與開業籌備，加速加盟者的業務啟動。

（二）因連鎖店之知名度，來客數提升

加盟者可利用知名品牌的市場認知度，快速吸引並擁有穩定顧客群，進一步促進銷售，進而由原區域性躍升為全國性的知名連鎖店。

（三）人力招募品質提升

加盟者的員工由總公司整體招募，因此員工招募品質提升而且招募成本降低。另外，加盟者可以充分利用品牌方的人脈資源和公共關係。

（四）服務品質提升

總公司提供完整之標準化的教育訓練，員工遵循統一的人性化銷售服務方式，可以提升加盟者整體的顧客服務品質。

（五）經營管理技術的提升

透過總公司經營技能的提供，降低加盟者的管理費用。協助引進完善的線上和線下營運系統，幫助加盟者掌握營運技巧，尤其是人性化的銷售服務。總部負責商品的採購與物流，因此加盟者可簡化繁複的供應鏈管理。

（六）客單價之提升

由於兼顧商品和服務的品質，加盟者可比之前的傳統（單店）方式提升客單價，從而增加營業額。

（七）營業額提升

總部提供統一的廣告宣傳與促銷活動，減少加盟者的行銷壓力。因為品牌效應能快速帶來信任感。總部的行銷支援，加上客單價提升，可望在維持或增加來客數的前提下提升營業額。

（八）費用之降低

由於總公司的支持，若與外界訓練成本相比較，加盟者的訓練費用明顯較低。另外，加盟者的日常管理費用也可降低，包括：促銷、廣告規劃、採購、行政管理、規章、製作物之成本和費用等。

（九）淨利之提升

客單價提升而費用減少，加盟者每月營業的淨利將隨之提升。加盟體系因具經濟規模而擁有更低的採購成本和更高的議價能力，因此商品的成本較低。

加盟管理 第二章

（十）投資報酬率之提升

藉助總公司的品牌影響力、經營支援、規模經濟效應，以及市場驗證等優勢，理論上加盟店比單店享有較高的投資報酬率（ROI）。

二、加盟之四大劣勢

因為加盟存在如下的四大劣勢，加盟者在決定投資時，應仔細評估品牌實力、當地市場需求、自身資金儲備及經營管理能力，並詳細閱讀加盟合約，以期降低加盟經營初期風險。

（一）初期經營風險較高

由於初始投入成本高，新加盟者可能缺乏相關行業的經營經驗，仍需時間適應，加之對市場需求判斷的不準確，如市場飽和、選址錯誤或目標消費群不符等，還有營運管理能力有限、競爭壓力大，以及契約限制與不平等條款造成缺乏自主權等。如果品牌其他分店的服務或商品品質發生問題，將間接影響加盟者的業務。由於過於依賴品牌，若總部經營不善，加盟者也會遭受池魚之殃。

（二）初期員工因適應期起伏較大

加盟初期員工需要快速適應加盟品牌的作業流程和服務標準，這可能與他們之前的工作經驗有所不同，導致壓力增加。初期員工可能對加盟品牌的企業文化感到陌生，缺少歸屬感，進而影響工作表現。加盟品牌通常有特定的系統和操作規範，員工需要時間學習並熟悉。初期可能需要不斷調整流程，甚至試驗新方案，這會讓員工感到不穩定或困惑。員工可能需要同時面對加盟店主管和總部的監督與指導，這種雙重管理可能導致溝通壓力和角色模糊。

（三）初期費用控制力低，費用較高

加盟初期支付給總部的加盟費、權利金或品牌授權費用，往往是一筆不可避免的開支，可能占用大量資金。加盟店需按照總部的設計標準進行裝修，且必須採購指定的設備和器材，這些成本往往較高。初期需要購買

大批量的產品或原材料以建立庫存，這可能超出實際需求，導致現金流壓力。對加盟品牌的操作模式和系統不夠熟悉，可能導致試錯成本增加。初期需要投入大量資金以進行廣告宣傳。加盟點初期經營時因固定成本比重大，又未達到經濟規模，很難有好的經濟表現。

（四）加入不易

加盟雖然提供品牌支持和經營指導，但並非所有投資人都適合選擇加盟模式。首先，部分知名品牌的加盟費用會讓很多人望而卻步，接下來的門店裝修、設備購買、首批原物料等投入很可能會超出預期，而後的權利金費用、行銷分攤費用等固定支出將墊高投資額。

除了上述經濟因素以外，知名加盟品牌往往對加盟商有嚴格要求，以確保所有門店都能符合統一的形象與服務標準。某些熱門地區可能已經被其他加盟商搶得先機，總部會考慮不宜在同一區域內新增門店。品牌總部會評估當地市場是否適合品牌發展，若需求不明顯，可能婉拒該地區加盟。熱門品牌通常吸引大量申請者，品牌總部會從中挑選最符合條件的申請人，難免會有遺珠之憾。

2.2 加盟流程概述

本單元概略描述加盟流程的主要環節，從吸引加盟商到門店營運，為加盟商與品牌方提供實用的指引。加盟過程中的重點是建立雙贏的合作關係。

一、吸引加盟意向

連鎖企業為了吸引有潛力的加盟商，通過廣告、社交媒體、發表會，以及網站等推廣品牌，以吸引加盟商的注意。初次接觸時，提供加盟手冊，詳細介紹品牌歷史、優勢、加盟條件，以及收益模式等。接著連鎖企業在一輪候選名單中，篩選出符合品牌價值的合作夥伴。

二、初步諮詢

解答潛在加盟商的基本問題，了解對方需求與資金狀況。諮詢形式可以是電話聯絡、線上會議或面對面洽談。業務代表開始介紹品牌理念、各類加盟經營條件，以及投資金額範圍等。

三、資格審核

加盟商提交必要文件和證明，連鎖企業進行審核是否符合品牌核心價值觀、資金是否充足、是否具備經營相關的背景，以確保加盟商具備經營資質和能力。

四、參訪與深入了解

連鎖企業提供加盟商實地考察的機會，增進對品牌的信任與了解。加盟商到總公司參觀，了解品牌的營運模式、管理架構。實地參觀現有門店或旗艦店，觀察實際經營狀況。

五、正式洽談與簽訂意向書

雙方確認合作意願後，進一步細化加盟計畫。協商重點如提供詳細財務計畫、加盟支持內容、門店地點選擇、營運流程，以及加盟範圍等。加盟商支付部分意向金，以表示合作誠意。

六、合約洽談與簽訂

雙方明確權利與義務，規範合作細節。合作條款包括：初始費用與權利金、商標使用、區域保護條款、培訓支持，以及後續技術支援等。雙方可以邀請律師審閱合約，避免投資風險。

七、培訓與開業籌備

在確保加盟商熟悉品牌經營模式下，積極準備開店事宜與前期主管培

訓，課程主要包括：管理技能（例如：人員管理、庫存管理）和行銷策略（例如：品牌推廣、社群經營）等。總公司協助選址與裝潢設計，提供設備清單、供應商聯繫方式等。

八、試營運與正式開業

開始試營運，正式進入市場。期間可以調整經營細節，總公司提供指導與反饋、完善經營策略、進行開幕宣傳，以及支持活動策劃等。

九、持續支援與評估

為了確保加盟店穩定營運，以維護品牌形象，總公司定期跟催與指導，提供行銷工具與新產品開發資源。在後台分析銷售資料，協助加盟商提升業績。

2.3 加盟運作方法

加盟商和業務代表談妥後，即進行總公司加盟的運作程序。品牌方透過與加盟商的合作，共同拓展市場並實現雙方的經濟利益。

一、加盟運作程序

以下是一個加盟運作程序範例，以一家美髮美容店的加盟為例：

（一）正式申請

加盟商對連鎖企業產生興趣和信任後，進一步提出合作申請。步驟是填妥申請表、繳交保證金。

（二）初審

初審的目的是確保雙方合作的成功性與穩定性。具體來說，初審的主要原因有：確保加盟商的資格符合要求、確認合作意向的真實性、避開經營風險、維護品牌形象與聲譽，以及選址與市場規劃考量等。初審項目包

括如下：

1. 資格（含學經歷、年齡、資金）資料審核。
2. 加盟意願、簽立切結書與連帶保證人。
3. 配合意願。
4. 立地調查、商圈確定（含營運收支預估）。
5. 雙方同意的投資金額。
6. 洽談確立設備、裝潢運作方式。
7. 財力證明、人員審核。

（三）複審

相較於初審，複審更注重實際面的運作，避免潛在風險。複審項目包括如下：

1. 公司主管同意。
2. 辦理設定抵押。
3. 營利事業登記證申請。
4. 員工招募訓練。

（四）簽約會稿

展店部門代表在法務人員的陪同下，與加盟商簽立合約。在公司登記通過，繳交保證金和加盟權利金。

（五）施工裝潢

選定並調整門店配置圖，通過審核後付之實現。門店施工前，加盟商繳交裝潢、設備，以及訓練款項。

（六）開幕前準備

開始招募員工、進行職前訓練，以及規劃開幕事宜。

（七）開幕

詳見第三章的說明。

二、教育訓練的方法

連鎖企業提供開店時實施的職前訓練，以及長期進行的教育訓練計畫，詳見章節5.9（教育訓練）。此處講述的是開店時實施的職前訓練。

（一）製作成「教育訓練」的課程內容

連鎖企業站在新加盟者的立場，考慮使其具備必要的知識、技術。對已加盟者，定期授與後續的新知識技術。在特殊情況下（例如：業績總是做不起來），對特定的人給予必要的補強課程訓練或自強救店計畫。

（二）維持必要的教育訓練

連鎖企業維持長期的教育訓練，並根據加盟店的特殊需求，額外補充加強的訓練課程。

（三）擁有教育訓練所需的場所

總公司與加盟店的教育訓練通常分別在不同階段與地點進行，目的在於確保加盟店能夠維持品牌的一致性和專業標準。培訓地點可以是總公司的培訓中心，或是與專業教育機構合作，為加盟店提供專業課程。若是由加盟店實施的教育訓練，可以選在實際經營場所內進行現場培訓，更貼近日常工作環境。

（四）必備知識、技術要領

下列是培訓中心的教育訓練內容：

1. 貫徹整體企業的理念
2. 專業及其關連知識
3. 專業服務之提供方法
4. 對顧客服務管理運作
5. 耗材、設備、器具之管理方法
6. 門店運作管理
7. 人員、技術管理
8. 促銷方法

9. 客訴處理方法
10. 意外事故處理

三、指導的方法

區主管使用手冊（兼檢核表用），對加盟店給予繼續指導，種類如下：
- 店主管手冊
- 店職員手冊
- 營業銷售分析月報
- 店頭管理手冊
- 門店設計裝潢手冊
- 立地商圈調查

四、行銷月刊的內容

連鎖企業發行的行銷月刊（Sales Planner）具有多重作用，能有效提升品牌形象、進行內部溝通與增加外部經營效能。以下為某連鎖企業行銷月刊的內容大綱：
- 總部經營階層的理念、政策
- 社會、經濟趨勢的解說
- 同業動態
- 新促銷運作、處理方法
- 總部人員介紹
- 加盟店介紹
- 加盟店的心聲與建議
- 其他加盟系統的介紹
- 門店經營與作業
- 其他投稿等

五、區主管應有的素質與資格

連鎖企業中的區主管負責管理所屬區域內多家加盟店或直營店的營運與績效，確保這些門店符合品牌標準並實現經營目標。他們的工作多、責任重，因此更加要求他們的素質與資格，通常包括以下幾個方面：

- 正確地傳達總部的經營理念、方針、決定事項。
- 明確地做好計畫，貢獻於營業額、利益目標之達成。
- 對於各主題、對象，能保持一貫的、繼續的、具體的徹底指導。
- 能正確收集門店、商圈、顧客情報，加以分析、檢討並報告。
- 能對加盟店有效查核，以維護契約遵守與手冊的運用。
- 能輔導加盟店定期提出重點，以盡其義務。
- 依照規定，定期、持續、尋訪加盟店。
- 發揮領導統御能力。
- 促成互相信賴的人際關係。
- 能以公平、客觀的立場對待加盟店。
- 對加盟店的抱怨、糾紛原因能傾聽，及早下對策、解決、建議。
- 對所約定、承諾事項，皆必實現。
- 對其問題點，甚至個人煩惱，能盡「顧問」的功能。
- 自我啟發，以具備所需的專門知識、技術。
- 自信、熱誠、充滿旺盛的精神，不斷地磨練自己的毅力。

2.4 加盟資格與配合方式

本章節以實際的連鎖企業為例，列舉三種加盟商加入的資格與條件，以及合作後的配合方式，見表2.1。表中列出公司所屬員工也可以開設授權店，使用如附錄四之「展店授權申請書」，向總公司提出申請。這是公司對表現優異員工的一種獎勵方式，鼓勵員工在公司內部創業，提供一個良

好的升遷管道，讓大家有希望當上主管或老闆。

表2.1 三種類型加盟方式的資格和配合方式

自願加盟店店主	
資格	配合方式
• 擁有25坪以上樓面（1或2樓） • 負責盡職、能全心投入經營者 • 地點需經商圈評估合格 • 私生活嚴謹、身體健康、信用良好 • 準備投資達一定額度 • 能發揮本公司完整之教育訓練 • 能夠配合總部整體運作者	• 使用總公司企業識別系統 • 接受總公司運作制度 • 促銷廣告活動由總部統籌規劃執行 • 每日營收資料傳回總公司 • 參與公司主管教育及會議 • 適量人員甄選培訓（分配：依實際費用收取分攤費）
無門店者	
資格	配合方式
• 自行承租門店25坪以上之1或2樓店面 • 月租約5年以上 • 地點需經商圈評估合格 • 私生活嚴謹、身體健康、信用良好 • 準備投資達一定額度 • 能發揮本公司完整之教育訓練 • 能夠配合總部整體運作者	• 使用總公司企業識別系統 • 接受總公司運作制度 • 促銷廣告活動由總部統籌規劃執行 • 每日營收資料傳回總公司 • 參與公司主管教育及會議 • 適量人員甄選培訓（分配：依實際費用收取分攤費）
授權店	
資格	配合方式
• 為公司現有員工、加盟主且資格需經公司審核通過 • 身體健康、無不良嗜好 • 需準備投資資金	• 使用總公司企業識別系統 • 接受總公司運作制度 • 促銷廣告活動由總部統籌規劃執行 • 每日營收資料傳回總公司 • 其他之運作同直營店

2.5 授權加盟店開店作業

本單元將利用一個案例，說明總公司和授權加盟店共同合作開店時的作業流程、股權分配的建議、簽約時應準備的資料、開辦費繳款方式，以及一些相關規定。參考與比較本章內容和附錄四之「展店授權申請書」，可獲得更多的授權加盟訊息。

一、開店作業流程

本章節提供表2.2之「開店作業流程表」，旨在釐清雙方負責的工作項目，以及限制每項工作所需的時間。雙方需根據總部提供的標準操作手冊進行開店事宜，同時保持密切溝通，及時解決過程中的問題，以確保開店進度與品質符合品牌標準。過程中，總公司與加盟商需各司其職，共同協作。

表2.2 總公司與授權加盟店的開店作業流程

工作項目	天數	加盟商的工作	總公司應辦事項
確定展店意願	2天	• 說明大略地點、人力與資金 • 領取並進行市場調查報告之填寫	• 確認展店意願及告知作業流程 • 提出相關協助，並提醒注意事項（總公司進行會辦）
會勘門店（商圈）	2天	• 繳交市調資料及說明 • 領取並填寫展店申請書	• 確認商圈範圍及說明 • 確認及查核市調資料 • 實地勘察
承租門店	2天	• 繳交展店申請書 • 租賃契約簽約 • 建築物使用執照影本取得（承租前先取得使用執照）	• 房屋租賃相關事宜協助及辦理 • 代墊資金相關作業
會勘裝潢、水電	2天	• 確認門店動線、設備需求及電話申請	• 門店動線分析與建議 • 裝潢、水電估價（議價）

評估開辦費用	1天	• 確認店內所需各項設備 • 確認店內裝潢工程配置圖	• 開辦費用整體評估
研討展店策略	2天	• 提出商圈特性與展店利基說明 • 營利事業登記之文件繳交完成 • 詳讀各項契約內容	• 提出展店注意事項與促銷策略方案、開幕製作物確認 • 開辦費評估分析研討
簽約、繳款	1天	• 暫支與代墊費用結算 • 預估開辦金額預繳（開辦費總額70%的部分，2/3現金，1/3為2個月期票）	• 簽認供應商合約 • 商標使用授權合約 • 提供各項經營相關手冊
發包施工	14天	• 裝潢水電工程施工、品質監工	• 廠商用料材質與施工監工
展店訓練	5天	• 統籌員工接受教育 • 協助安排技術級數評定	• 確實輔導教育訓練成效 • 各項課程統籌與安排
商圈精耕	6天	• 商圈地毯式拜訪，與傳單派發（人力廣告） • 辦理商圈內公益團體義剪等事宜	• 研討商圈經營特性、模式及精耕技巧 • 歡慶開幕流程與貴賓邀請確認
驗收	3天	• 裝潢設備與各項店內設施完工驗收 • 裝潢設備與各項製作物驗收	• 店內設施驗收作業，未完工與改善項目要求
測試營業	3天	• 追蹤營利事業登記證 • 店內實際營運流程作業	• 輔導店內營運流程與缺失改善 • 確認店內設施應改善事項並完成第二次驗收作業
開幕準備	1天	• 開幕儀式與祈福用品準備	• 確認開幕花籃及各項用品送達
歡慶開幕			

二、分店股份分配

　　雙方在合作前需談妥股權分配並考慮員工分股，這是建立穩定合作基礎和長期激勵機制的關鍵。合理的股權分配能夠確保合作的公平性，避免未來因利益分歧導致的爭議。而員工分股則能吸引和留住核心人才，讓員

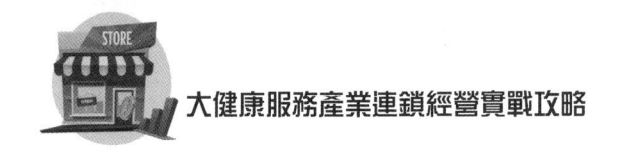

工與公司發展目標保持一致，激發他們的積極性和責任感，進而提升公司競爭力。

下文分別就獨資商號和有限公司建議不同的股份分配。表2.3是分店的營利組織為獨資商號、採用合資契約時的建議合資比例。表2.4是分店的營利組織為有限公司之營業所、採用股單登記時的建議所持股數比例。

表2.3 獨資商號分店股份分配建議

持股人	開店持股比例	彈性幅度	理想之股份結構
公司	30%	0	30%
資深主管	20%	5%～20%	10%
當店主管	30%	30%～60%	30%
當店設計師	20%	10%～30%	30%

表2.4 有限公司營業所分店股份分配建議

持股人	開店持股比例	彈性幅度	理想之股份結構	股份別
公司轉投資有限公司，投資合計	40%	40%～50%	40%	一般股
資深主管				一般股
資深設計師				一般股
當店主管	30%	30%～40%	30%	特別股
當店設計師	30%	10%～30%	30%	特別股

三、簽約與繳款說明

加盟商在簽約時應準備兩份合約的所需資料。第一份是授權合約，所需資料為負責人身份證影本壹份（正、反面）、負責人私章、店章或公司章，以及營利事業登記證。第二份為合資契約。簽約時需要各合資人身份證影本壹份（正、反面）、各合資人印章，以及委託書（若合資人不克親自出席簽約時，否則可免）。

如下是開辦費繳款方式的一個案例，共分兩期繳付。

開辦資金以300萬元為計，300萬元×70％＝210萬元

可扣除押、租金（例如為21萬元），店內準備金（5萬元）

210萬元－押租金－店內準備金－保證金－權利金＝134萬元

210萬元－21萬元－5萬元－25萬元－25萬元＝134萬元

134萬元分2期：

第一期（2/3）為894,000元，現金繳付

第二期（1/3）為446,000元，可開2個月期票

若為委託經營制，加盟商應於簽約時同時繳交權利金25萬元現金或即期支票，及一個月50萬元即期之保證金。分店開辦費經總公司結算後，再依據實際開辦金額調整權利金，差額部分應於開幕後2個月內結清。

四、補充規定

展店申請人的資格與條件是有限制的，主管需從主管培訓班結業，而展店主管需先參加額外展店教育課程。展店主應全面搭配總公司整體的展店規劃，舉凡總公司的企業識別系統、裝潢規格、教育訓練、人事規章、財務管理制度、資訊系統，以及廣告促銷活動等，均不得擅自變更或違反，否則總公司有權立即終止合作關係，並請求賠償。

為維護服務品質與商譽，分店不得擅自向未經總公司核准的廠商進貨，而總公司指定商品之全年度用或比率亦不得低於70％，以免影響整體品質，若有違失而造成公司形象受損，展店主將自行負擔法律責任，並賠償總公司的損失。門店內如有轉租或成立美容工作室，必須先經由總公司書面核准，並嚴禁使用門店等相關對外表徵或名稱，否則因而延伸的糾紛，將由展店主自行負責，總公司得主張避免侵權之作為。商譽金（Goodwill Payment）的收費標準如表2.5所示。級別係按照開辦費的結算總額進行核定，開店一年後再依營業評估進行調整。

授權契約未簽立前，除人力招募與商圈推廣可在籌備處懸掛店名以外，其餘原因均不得豎立招牌。適用委託經營制展店的內部設備、租賃及

相關購買品，均應依總公司的規格與要求開立發票，不明瞭部分可直接詢問管理處或財會處。展店自付額的開辦項應於一週之內至管理處結清。

表2.5 商譽金的收費標準

級別	A	B	C
商譽金	48,000（元）	43,000（元）	40,000（元）

2.6 加盟發表會

連鎖企業舉辦加盟發表會的目的在於吸引潛在加盟商，透過發表會全面介紹品牌理念、運作模式、投資優勢，以及市場前景，吸引有意向的加盟商加入，擴大品牌版圖。透過現場互動，提供即時諮詢與深入溝通的平臺，方便總公司與有意向的加盟商進一步洽談合作細節。舉辦加盟發表會需先決定時間、地點、招募對象和方式、執行團隊、會議程序、宣傳組合、預算，以及行程進度。

一、招募對象

連鎖企業對於加盟招募對象通常會有特定的偏好，原因在於這樣的篩選可以提高加盟店的成功率，維持品牌形象，並確保整個體系的穩定與協調。表2.6顯示一家總公司兩種加盟方式的招募對象實例。

表2.6 兩種加盟方式的招募對象實例

自願連鎖	授權連鎖
• 傳統業者 • 創業者 • 地點佳 • 房屋自有 • 同業加盟者	• 資深員工（含已離職員工） • 策略性（區域性開放）

加盟管理 第二章

連鎖企業舉辦加盟發表會可接觸潛在加盟商的主要管道如下所列舉。有效組合下列管道，以及特別關注那些關鍵管道，即能最大化吸引潛在加盟商參與加盟發表會，進一步促進品牌的招商目標。

- 從工會、當地商會名單收集
- 其他品牌連鎖系統的門店
- 報紙、記者、雜誌等公關媒體之招募
- 通過社群媒體或官網推廣
- 布點商圈之主要對象
- 由現有加盟商或廠商推薦
- 各店頭招募傳單之發放
- 創業相關的論壇和社群

二、執行團隊

舉辦加盟發表會時需要一個臨時或固定的執行團隊，企劃部需要任命一名總指揮及其副手，統籌整體活動的規劃與執行，並依據圖2.1組建工作團隊及招募成員。

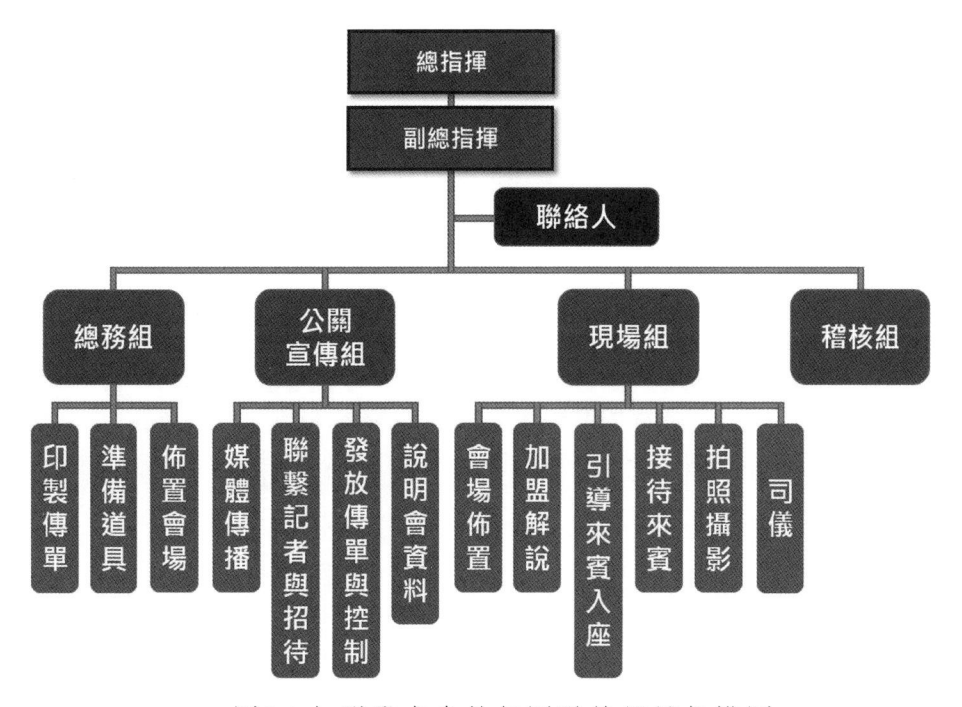

圖2.1 加盟發表會執行團隊的組織架構圖

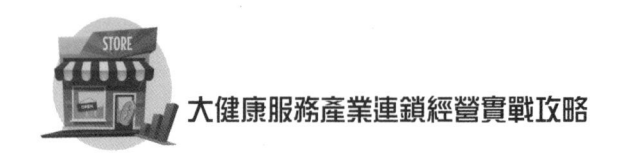

表2.7列舉團隊成員的職務與其工作執掌。其中現場組人員的工作較多，另以表2.8列舉其工作項目。

表2.7 執行團隊成員的職務與其工作執掌說明

職務	工作執掌
總指揮、副總指揮	• 加盟說明會之整體控制 • 人員分配、調派 • 緊急事項之處理
聯絡人	• 負責說明會各事項之聯絡 • 有關緊急事項之通知聯繫
總務組	• 有關說明會之資料、傳單之發包印製、廠商聯繫、驗收 • 有關會場使用之道具準備、採購 • 會場布置（包括：場地布置、道具之就緒；麥克風、投影機等之準備、測試） • 場地承租之接洽
公關宣傳組	• 說明會資料之企劃 • 有關說明會之傳單發放控制 • 貴賓之聯絡接待 • 記者之聯繫招待 • 媒體宣傳之安排聯繫 • 其他有關公關宣傳事項
現場組	見表2.8
稽核組	• 有關說明會運作事項之稽核 • 資料發放之稽核 • 會場布置之稽核

表2.8 現場組人員的工作分類和細項

工作分類	細項說明
司儀	• 會場秩序之維持 • 來賓之介紹 • 會場程序之控制 • 會場氣氛之塑造
拍照攝影	• 會場之拍照、攝影各一位
接待來賓	• 有關來賓加盟者之簽名擺置 • 花籃賀物之收受 • 資料之分發
引導來賓入座	• 現場引導入座 • 來賓接待
加盟解說	• 有關加盟說明會資料之解說 • 有關加盟運作之說明 • 資料填寫說明
會場布置	• 依照圖紙布置會場 • 圖2.2是加盟發表會的一個會場布置圖案例

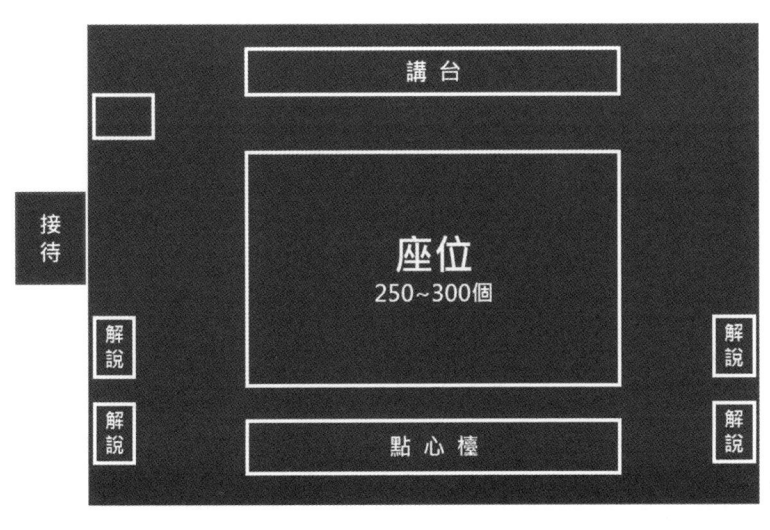

圖2.2 會場布置圖

三、會議程序與宣傳

設計加盟發表會的會議行程需要充分考慮活動的目標、參加者的需求以及時間上的安排。表2.9是會議行程設計的流程與範例：

表2.9 會議程序安排

順序	行程	參考時間
1	主席致詞	13：30～13：45
2	來賓致詞	13：45～14：00
3	未來展望、優勢	14：00～15：00
4	說明企業識別系統	15：00～15：30
5	加盟解說	15：30～16：30
6	問題研討	16：30～17：30

成功的加盟發表會宣傳是吸引潛在加盟者參與的重要關鍵，首先需要確定目標受眾。分析潛在加盟者的背景，如年齡、財務能力，以及經營經驗等。找出他們的關注點，例如低風險投資，品牌支持或高回報率等。接下來需要細分客戶群體，針對不同群體（如有經驗的經營者、初次創業者）設計相應的宣傳語言。表2.10是建議的宣傳種類與執行方法：

表2.10 宣傳種類與執行方法

宣傳種類	執行方法
雜誌刊登	• 具有指標性知名流行雜誌
報紙廣告	• 公關消息稿 • 各大知名報紙
傳單印製、發包	• 各門市發放說明書，加盟招募傳單 • 於姊妹店發放 • 傳單印製（招募傳單12,000份、說明資料1,000份）
線上宣傳	• 社群媒體、品牌官網、電子郵件、線上廣告投放

四、預算與進度控制

舉辦加盟發表會時，制定合理的預算不僅能控制成本，還能確保活動順利進行。首先預估參加人數和會議形式，列出必要支出項目（見表2.11）、設定優先等級，如果可以的話，預留10%至15%的預算作為備用金，以應對突發情況。

表2.11 必要支出項目與預估金額

支出項目	預估金額比率
場地費	20%~30%
餐費點心	10%~15%
宣傳費（雜誌、報紙、傳單印製、線上宣傳）	20%~25%
設備租賃	10%~15%
人力費用（含場地布置、現場支援）	10%~15%
邀請嘉賓（嘉賓酬勞或交通、住宿費）	5%~10%

為了舉辦加盟發表會，企劃部需要以專案管理方式管控進度，以確保活動順利進行並達成目標。管控進度時，需要明確每個環節的開始和結束時間。由總指揮負責全程監控時間，提醒各環節的工作人員保持進度。表2.12為加盟發表會前的進度管制表。

表2.12 加盟發表會前的進度管制表

工作項目	執行者	完成日期距活動天數	預計完成日	實際完成日	備註
1.會議日期決定	召集人	38			
2.會議程序	召集人	38			
3.費用編訂	召集人	36			
4.邀請名單建立（含貴賓）	聯絡組	36			
5.場地租借	總務組	36			

6.傳單及贈品券印製	活動組	14			
7.摸彩活動籌畫	活動組	24			
8.贈品及摸彩品選購	總務組	20			
9.說明會主題內容整理	活動組	20			
10.製作影片、幻燈片	活動組	2			
11.各項器材租借	總務組	5			
12.飲料點心安排	總務組	5			
13.氣氛布置物之製作，如：飾品、布條、海報、背景音樂	活動組	1			
14.傳單寄發及聯絡	聯絡組	5			
15.貴賓確認及接洽事宜	聯絡組	25			
16.新聞稿內容	活動組	3			

加盟發表會當天，主辦方的準備工作和注意事項直接影響活動的成功與否。透過周密的準備和現場控管，主辦方能確保加盟發表會順利進行並給參加者留下深刻印象，進一步提高加盟意向的轉化率。以下列舉加盟發表會當日的準備工作：

1. 會場外指標。

2. 接待場所之布置（簽名簿、筆、紅布、桌椅、名牌、插花、花籃、簽收簿，以及花籃擺放位置等）。

3. 會場內之布置，包括：吊旗、橫幅布條（Banner）、海報、插花、旗幟、桌椅、背景音樂、麥克風、燈光、冷氣、放映機，以及投影機等。

4. 飲料、點心份數掌握。

5. 議程時間掌握。

6. 解說員之分派。

7. 善後處理工作之分派。

當天需要注意的事項很多，比如活動開始前進行現場巡檢、做好來賓

迎接的工作。活動期間做好時間管控、隨時注意現場氣氛以避免冷場。活動結束後，記得收集顧客資料和反饋意見。整場活動都要隨時發現問題、解決問題，如遇有突發狀況，也要依照預案排除。

2.7 連鎖體系所需合約

為了明確品牌方與加盟主雙方的權利與義務、確保品牌形象一致，以及規範經營行為，在加盟過程中會涉及多種合約。加盟談判中雙方需要將合作協議書面化，以防止加盟商從事損害品牌形象的行為。涉及法律層面，因此對於連鎖企業來說，聘請法務人員是很重要的。但這並非唯一的選擇，因應方式如委託外部律師事務所，或採用法律合約模板等。

一、加盟管理合約

這是加盟系統的核心文件，詳細規範了加盟商與總部之間的權利義務關係。合約內容包括：加盟費用、品牌使用權、經營範圍、區域限制、產品供應、行銷支持、教育訓練，以及爭議解決等。見附錄一（總公司加盟管理規章）與附錄二（管理顧問聘任契約）的說明。

二、商標授權合約

加盟時，雙方經常需要簽立一份商標授權契約書。品牌方授權加盟商使用總部的商標、商號、標誌等，讓加盟店享有總部的品牌形象。合約內容包括商標使用範圍、期限、使用規範、商標維護等。參考附錄三（商標授權契約書）之範例。

三、地區保護合約

確保加盟商在特定地區內的經營權，避免與其他加盟商競爭。

四、產品供應合約

此規範總部對加盟店供應產品的相關事項，或是加盟商必需承擔的一些義務，合約內容包括：產品種類、價格、交貨方式、支付費用、品質保證、緊急訂單處理，以及退換貨等。

五、資訊保密協議

為了保護總部的商業機密，防止加盟商洩漏，所以總部需與加盟商簽立資訊保密協議，內容包括：保密範圍、保密期限、違反保密義務的後果等。參考附錄三第六條（競業之禁止及嚴守保密業務）之範例。

六、教育訓練合約

教育訓練合約規範了加盟商接受總部培訓的義務，確保所有門店提供一致的產品和服務品質，維持品牌形象與顧客信任。合約可以詳細列明培訓內容、時程、地點以及相關費用，避免加盟商或總部對培訓責任產生不同解讀，減少未來可能的糾紛。

七、其他合約

加盟連鎖公司所使用的合約種類繁多，每份合約都扮演著重要的角色。透過完善的合約體系，可以有效保障加盟雙方的權益，促進加盟事業的發展。其他可能用到的合約如下所示：

合資契約：在某些連鎖經營模式中，總公司與加盟商共同出資成立新企業或共同經營加盟店的合作協議。這種模式通常適用於需要更緊密合作或高額資金投入的情況，例如：旗艦店或高風險市場的拓展。

股東合約書：公司內部股東之間就股權管理及公司治理簽署的協議。

合作商合約：又稱「合作協議」，兩個或多個商業實體（如公司、商家等）在達成共同商業目標的基礎上簽訂的契約，目的是確立合作關係

並規範合作過程中的各項條款和責任。這類合約常見於業務合作、分銷協議、聯盟、供應鏈合作等場合，通常對合作條件、權利義務、資源分配、責任歸屬等進行詳細約定。

促銷與廣告分攤合約：明確雙方在品牌行銷與廣告活動中的責任與費用分配。

房地產租賃契約：若總部或加盟店需要租用門店，則需簽訂租賃契約。

設備租賃契約：若總部提供設備給加盟商使用，則需簽訂設備租賃契約。

技術授權合約：若總部提供加盟商獨特的技術或配方，則需簽訂技術授權合約。

裝修工程合約：由業主（或委託方）與裝修公司（或承包商）簽訂，明確規範裝修工程的具體條款、責任、權利及義務。這類合約的主要目的是確保雙方在裝修過程中的工作範圍、預算、工期及品質等方面達成共識，並為可能的爭議提供解決依據。

第三章
開店管理

連鎖企業的開店指的是單一門店的設立過程，包括選址、裝修、籌備、試營運等多個環節，需考慮品牌定位、資金規劃、當地市場需求等因素。本章談及的業務主要由展店課負責。就理論上而言，市場調查報告內容加上財務模型，即可寫成一份開店計畫書或可行性分析報告。

3.1 開店流程概述

不同類型的加盟投資者有不同的經營目標、資金規模與參與程度，選擇適合的加盟品牌和商業模式尤為重要。投資者的背景是多元的，影響其加盟選擇和經營模式。品牌總公司通常會根據投資者的背景提供針對性建議，確保投資者與品牌的適配性，提升加盟成功率。本章節僅簡單地從企業管理角度，介紹開店流程的通論，下一章節起再詳細講述實際企業的具體操作。

一、市場調查與分析

主要進行目標客群研究和競爭對手分析，瞭解消費者的偏好、收入水準、消費習慣等，以及評估當地競爭品牌的定位、產品和價格策略。進而評估市場趨勢，確保產品或服務符合市場需求，避免進入一個飽和市場。

二、地點選擇

根據人流量，選擇人潮聚集的區域，例如：商場、車站，或學校附近。地點一定要交通便利，確保顧客容易到達。注意商圈周邊是否有互補或競爭的商家。由市調人員建議幾個地點可供選擇，再由管理高層決定開店地點。

三、租賃談判

　　房屋租金占了很大的開店成本，所以合理租金與彈性租賃條件是重中之重。簽訂租約前，注意了解法律條款與責任。

四、許可與法律

　　申請政府許可，例如：營業執照、衛生許可，以及食品安全認證等。一定要遵守當地勞動相關法令、稅務法規，做到合法合規。

五、設計與裝修

　　門店設計應體現品牌形象及一致性。門店空間規劃時，合理利用空間，確保動線順暢。裝修時確實做好監管工作，與承包商保持溝通，確保進度與品質。

六、人員招聘與培訓

　　新店開幕，擬定並實施招聘計畫，確保足夠人力，並找到合適的人選。提供標準化培訓，包含：企業文化、產品知識，以及服務技能和流程等。

七、開店行銷與推廣

　　開幕時，舉辦促銷活動或優惠方案吸引顧客。可採用多管道宣傳，包括：線上廣告（如社群媒體、知名搜索引擎平台）、線下宣傳（如傳單、戶外廣告）。引進會員制度，設置積分計畫、會員折扣等，以提高顧客忠誠度。

八、營運管理

　　制定並實施標準作業程序（SOP），以確保服務品質一致性。營運期

間利用資料分析以了解熱銷品項、客流高峰等，調整策略。進行庫存管理，可避免缺貨或過多庫存而造成損失。

九、定期檢討與改進

隨時收集顧客意見，並定期討論以改善服務。檢討每月營運資料，找出問題並進行優化。

3.2 開店前的商圈調查

商圈分析或立地分析是開店夢想的起點！商圈調查與選址對於連鎖企業的展店與加盟成功與否，扮演著至關重要的角色。上述的立地分析是指在商業經營中，評估一個地點對門店營運成敗的影響情況。這是一種綜合考量地點優劣勢與環境條件的分析方法，幫助連鎖企業選擇最適合開店的地點，以最大化經營效益並降低失敗風險。一個絕佳的店址，不僅能吸引大量客流，還能提升品牌形象，並帶來可觀的效益。調查結束後，寫成分析報告和簡報電子檔，作為開會討論與決策的依據。為了讓而後商圈調查更加合理和順利，下列為商圈調查報告後的選擇項和延伸：

- 建議創新的商業模式
- 對未來公司規章制度的修正探討，尤其是企劃和行銷
- 開店流程或作業的修正
- 商圈調查內容的修正
- 商圈調查報告格式或結構的修正

一、調查重點與調查方式

依據公司既定的商圈調查細則，商圈調查與選址是一項複雜的任務，需要綜合考慮多方面的因素。無論是由內部部門（企劃、行銷、財務、資

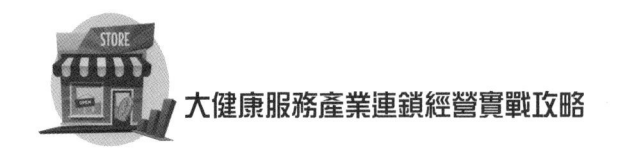

訊）負責，還是委託外部顧問機構，都應該建立一套科學的、系統的選址流程，調查事項巨細靡遺，以確保選址的準確性和有效性。

（一）商圈範圍界定

首先在商圈大範圍內找出明顯的地物、地貌、物理限制和人潮走向等，這些都可以用來界定商圈範圍的邊界，見表3.1。

表3.1 商圈調查與選址的限制因素與說明

限制因素	說明
立地商圈直徑	以200公尺為主商圈，200至500公尺為輔商圈
馬路的分界	凡超過40公尺寬的道路、四線道以上、中間有欄杆，或有安全島阻隔（以台北市為例）： 1.東西向道路：民族、民權、民生、南京、忠孝、仁愛、信義、和平 2.南北向道路：環河、重慶、承德、中山、新生、松江、建國、復興、敦化、光復
鐵路、平交道	阻隔建築物、商家集中及人潮流動的鐵路平交道
高架橋、地下道	車行高架橋、地下道之阻隔
安全島之阻隔	道路安全島之設立影響人潮之跨越
大水溝	未加蓋之大水溝使人潮跨越不易，影響人潮流動意願
單行道	單行道使車潮進入不易，影響道路兩旁的人潮聚集
人潮走向	人潮購物習慣與流動的方向，使該區成為一獨立商圈
大型建築物或空地	因跨區距離過長及商家集中性的阻斷而形成不同商圈

（二）繪製簡圖

繪製商圈簡圖，周邊500公尺範圍之簡圖，描繪出商圈界線，並於圖上標註下列地點，包括可以合作經營的姐妹店，此姐妹店需主、次客層與規劃中門店的客層相吻合，見表3.2。將各填入之道路可通往之縣、市、區域予以標示出來。另需繪製商圈裡的住宅、辦公、混合商業區劃分的簡圖。

表3.2 需要標註的特別地點

項目	例示
重要建築物及樓別	金融大樓、辦公大樓
著名商店及地段特徵	電影院、百貨公司
人潮匯集地商店群及集客場所	超級市場娛樂區、中正紀念堂
競爭店或同性質商店位置	
互補作用之店頭	大型服飾店、皮飾店、精品店、禮品店
政府重要之行政中心	稅捐處、區、鄉、鎮公所
特定族群匯集場所	車站、加油站、學校、停車場、市場、公園
街道之行進方向	單行道方向
抽樣點所在位置	
促銷時發廣告傳單的地點	
抽樣點所在位置	
姐妹店	超級市場、中西式速食店、百貨公司、便利商店、才藝中心、大型服飾店，以及連鎖超市等

（三）抽樣點之選擇確定

決定商圈調查的抽樣點，以及未來促銷時發廣告傳單的地點，應該注意如下的市場需求、目標客群、商圈人口與流量分析、競爭對手、地理位置與交通便利性、樣本的代表性，以及調查的人力和成本等，見表3.3。

表3.3 開店時抽樣點與發廣告傳單的地點選擇

抽樣點之選擇	發廣告傳單的地點選擇
1.上班族或學生匯集之地點（未來適合設店的地點） 2.人潮走向匯集的地點 3.固定人口集中流動的地點 4.可能形成未來的商店群的地段 5.預定三至四個抽樣點 6.其中盡量以一個抽樣點為同性質的商店	1.主消費群（主婦、上班族）走動頻繁的地點 2.次消費群（女學生）出現走動的地點 3.區分主、次消費群活動頻繁的時段

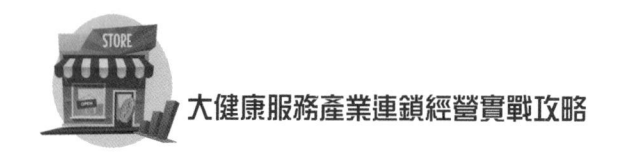

（四）商圈特徵描述

在開店前期，進行商圈特徵的描述至關重要，因為這是決定未來門店是否能夠成功營運的基石之一。本單元將從商店特色及分布情況、住宅特色、集會場所，以及競爭者分析四個面向進行描述。

1. 商店特色及分布情況

此步驟將直接影響未來門店的競爭優勢、經營策略以及長期盈利能力。見表3.4與表3.5的說明。當統計商圈道路商店分布時，需注意下列事項：

- 以立地點之併行道路為計算對象。
- 於主商圈內的商店街亦為計算對象。
- 於主商圈內的主要幹道，大馬路亦為計算對象。
- 計算時除競爭店外，皆以一樓的商店為計算標準。
- 記錄時，街道名稱應依序編號載入。

表3.4商店特色及分布情況

項目	描述
建築型態	• 實地瞭解主要商店街或主要幹道上的建築物高度 • 包括住宅區、商業區和辦公區的建築形態 • 新大樓與舊式建築物的分布 • 目前改建情況 • 未來一至三年內可能改建的趨勢
行業型態	• 位於主要商店街、幹道的商店行業類型 • 主要販賣的產品及其層次
分布家數	• 以抽樣點的併行道路為主要調查對象 • 主要道路的商店分布明細 • 將商店分門別類記錄，並將其統計填入明細表，見表3.5 • 調查在主要幹道和大馬路上相同商店的數量 • 商店匯集地帶的概述 • 以商店（輔助店、競爭店）正確所在位置標註於商圈簡圖

開店管理 第三章

表3.5 商圈、道路商店分布明細表

編號	商店別＼路名	路	路	路	路	合計
1	美容美髮業					
2	美容美髮材料行					
3	婚紗禮服業					
4	銀樓、珠寶店					
5	花店					
6	傳統市場、夜市					
7	大型賣場					
8	便利商店、雜貨店					
9	速食店					
10	一般冷熱、小吃餐飲店					
11	食品連鎖店					
12	銀行、郵局					
13	證券公司					
14	大型百貨公司					
15	精品店					
16	飯店、旅社					
17	醫院、診所					
18	才藝中心、幼稚園、托兒所					
19	家電用品店					
20	裝潢家具大賣場					
21	色情理容院、按摩院					
22	酒店、茶室					
23	殯儀館、葬儀社、棺材店					
24	汽機車修理行					
25	瓦斯行					
26	倉庫					
27	網咖、電玩遊樂場					
	總　　計					

說明：
- 編號1為同業店，編號2～20為互補店，編號21～27為互斥店。
- 調查範圍為商圈半徑250公尺以內，流動攤販不計入，表格內填寫數量即可。

2. 住宅特色

進行本步驟是因為商圈內住宅的類型與居民特性直接影響潛在客群的需求和消費習慣，如果房屋改建將影響客流量，見表3.6。

表3.6 住宅特色描述項目

項目	大類	小類
建物型態	實地瞭解於本商圈內住宅區的建築型態	• 建築高度、樓數 • 建築形式為新式或舊式 • 分布區域
	目前改建狀況 未來一至三年內可能改建的趨勢	
分布情況	實地瞭解該區實際住戶與建築物的分布情況	
	將該商圈分為不同區域，並為各區域設定一個代號。不同區域如商店區、辦公區、新式住宅區、舊式住宅區，以及文教區	
	於該簡圖上分別劃定區域，製作商圈圖	
	並於圖上註明建築物的樓別	

3. 集會場所

本步驟可了解商圈內現在與未來門店的客源是否充沛，以及顧客類型等訊息，見表3.7。

表3.7 人口匯集的集會場所

項目	細類說明
場所類型	• 商店（如麥當勞、超商、百貨公司等） • 電影院、音樂廳、運動場、巨蛋 • 政府之行政機關（稅捐處、鄉鎮市公所） • 學校、文教機關、公園 • 補習班、安親班 • 表演、競技、比賽場所 • 傳統菜市場、超級市場 • 證券公司
聚集對象類型	• 青少年 • 上班族 • 特定行業人士（如世貿之展覽） • 家庭主婦 • 股票族
動線	• 人潮和車潮匯集流動的路線 • 人潮車潮匯集流動的主要方向

4. 競爭者分析

調查並描述區域內對本門店較有影響的競爭對手，以最具競爭性的店面為瞭解對象且以連鎖加盟店為訴求，可了解區域性的競爭壓力，並決定是否設點，見表3.8與表3.9。如果競爭者的水準好、生意好，價錢也高，則對目標門店的影響較大（章節3.8中的表3.39是一份用於調查競爭對手的問卷實例）。

表3.8 競爭者分析之調查項目和細項

調查項目	調查內容
賣場面積	賣場坪數、格局、動線
營業時間	開始、結束營業時間
來客數	該競爭店每日成交客戶數,來客數計算採詢問方式,例如: 助理手一天洗幾個頭×該店之助理手單總數＝來客數
平均消費額	瞭解該美容美髮院之燙、剪、梳、護、染之客數比例 據此比例再分別乘其價格 加總後求其平均值即為平均消費額
營業額	來客數×平均消費額＝每日營業額 每日營業額×每月工作天數＝每月營業額
專業項目	以競爭店較為顧客認可之服務項目為準,觀察現場氣氛、環境、服務態度、技術

表3.9 競爭者分析表

競爭者 項目	名稱1	名稱2	名稱3	名稱4	名稱5	名稱6	名稱7
營業面積							
營業時間							
價位							
來客數	假日: 非假日:	假日: 非假日:	假日: 非假日:	假日: 非假日:	假日: 非假日:	假日: 非假日:	假日: 非假日:
日業績							
專業項目							

（五）人潮及交通狀況

在抽樣點實地進行下列統計，抽樣點最好選擇門店門口或交叉路口。根據表3.10繪製不同時段抽樣點人潮分布圖，並找出形成人潮的主要原因。連續放映多張圖片，則該區域的人潮分布情況就可一目了然了。

1. 人潮走向流動統計

（1）將一週時間區分為兩個時段：
- 週一至週五
- 週六、週日，以及國定假日

（2）從上午7時起到午夜12時止，每兩小時細分為一個小段。

（3）每隔15分鐘抽樣一次，並計算抽樣的實際經過人數。

（4）抽樣時依據下列年齡段，給出一個代表的英文字母：

　　A. 20歲以下

　　B. 20至35歲

　　C. 35至45歲

　　D. 45歲以上

（5）合計出每2個小時的人潮流動數

　　例：以15分鐘為抽樣得該抽樣點人數為Y

　　得Y×8＝Z，則Z為其該時段人潮流動數

（6）將所有數字依時段填入如表3.10所示的人潮統計表。

（7）將人潮流動抽樣之數值以線圖表示。

（8）瞭解尖峰時段（上班、午餐、下班）及離峰時段人潮流動方向。

（9）瞭解人潮流動比。

2. 人口、住家戶數推算

依據表3.11所列舉的公式推算該區的人口和住家戶數，並依據這些資料，按里劃分，繪製圖表以顯示戶數、男性人數，以及女性人數等，其中女性人數是調查重點。

表3.10 人潮統計表

抽樣調查時間為：＿＿＿年＿＿＿月＿＿＿日（星期＿＿＿）

區域 時間	甲店門口人潮				乙抽樣點				丙抽樣點		
	A	B	C	D	A	B	C	D	A	B	C	D
07：00～09：00												
10：00～12：00												
～～												
19：00～21：00												
22：00～24：00												
合　計												
一天經過此處 人數合計												

表3.11 人口、住家戶數之推算公式

類別	人口、住家戶數之推算公式
固定住家	1.以商圈建築物來推算當地住家戶數 2.戶數×4＝當地預估人口數 3.各抽樣點之人口流動數－當地人口數＝外來流動人口數
辦公戶數	1.計算該區之公司家數 2.該區公司家數×10至20人＝該區辦公人口 3.該區辦公人口即為該區之半固定人口

3. 交通狀況

　　明瞭經過此商圈的交通節點，並繪製公共交通路線圖，公共交通如公車、捷運、高鐵和鐵路等，其中一條道路必需經過最佳門店選址地點，見表3.12。

表3.12 商圈交通狀況調查重點

調查重點	細項說明
公共交通的往返方向	• 經過該商圈的公共交通起站與經過路線 • 經過該商圈的公共交通將行駛路線與終點站
下車後的走向	• 以轉車為目的之行經路線 • 以休閒、購物為目的之行經路線 • 以回家為目的之行經路線
未來交通運輸系統影響	• 未來公共交通之出入口，可能帶動人潮 • 重要道路可能拓寬闢建，所帶動的人潮

（六）消費特徵與人口特徵

可透過政府（民政與財政）網站或顧問公司網站獲得如表3.13所列舉的資料。如果無法獲得網上資料，也可以參考年鑑出版品或從顧問公司購買資料，而後可繪製該區人口年齡層分布圖，以及教育程度分布圖等，從而了解該區民眾的消費能力。加上固定人口資料後，即可計算出與流動人口的比例了。

表3.13 消費特徵與人口特徵

調查事項	說明
該區住戶人口所得	• 高所得：達平均年所得四倍以上所占比率 • 中上所得：達平均年所得兩倍以上所占比率 • 平均每戶全年收支情況
該區往來及居住人口的消費習慣	• 對便利性、服務品質及店面氣氛訴求概況 • 消費習慣（大型美髮美容連鎖店、專業美容美髮院、家庭式美容院） • 年齡分布情形 • 教育程度分布圖表
外來流動人口的消費習慣、特徵	• 年齡分布情況 • 消費種類 • 所得高低

（七）商圈類型

門店所在的商圈類型直接影響到未來的經營策略和成功機率。城市裡的核心商圈多為集中型商圈，而次級商圈或鄰里型商圈多為分散型商圈，見表3.14。

表3.14 商圈類型

商圈類型	類型說明
集中型商圈	• 商圈內流動人口多（每分鐘約15至20位以上女性） • 商圈內女性住宅人口（約2,4000人以上） • 區內之建築物高且密集 • 商店集中且範圍大 • 與本產業有互補性的商店多，且規模大（大型購物中心、超級市場、百貨公司） • 交通頻繁、車輛流量大 • 商圈類型：商辦、商住、商業、辦住
分散型商圈	• 商圈內流動人口少 • 商圈內腹地分散 • 區內的建築物普通、老舊且高度三樓以下 • 商店分散且範圍小 • 與本產業有互補性的商店少，且規模小 • 交通不頻繁，車輛流量少 • 商圈類型：住、住商、住辦、辦、辦住

（八）建議開店地點

在商圈簡圖中註明所有可供企業開設店頭的地段或區間，計算上述所有的抽樣人潮與抽樣地點所得可能淨利，分別建立它們的財務模型。列舉上述各項因素，依據重要程度，為每一個因素進行加權評分後，即可得到最佳開店地點。也可考慮利用SWOT分析法以決定最佳的開店地點。設新

店於此地點的優缺點評估面向列舉如下:人潮流動、競爭者比較、輔助門店、交通狀況、所得階層、消費者,以及未來發展。

(九)商圈未來發展潛力

分析未來可能的發展情況,包括如下的兩大類調整資料收集方向,見表3.15。此外,還需考慮未來人口年齡層的轉變、消費習慣的改變,以及人潮匯集的可能變動地段等因素。

表3.15 兩大類商圈未來發展潛力之調整資料收集方向

交通狀況調整資料收集方向	居住條件調整資料收集方向
• 未來捷運系統的興建與完成對本商圈極力地點有何影響? • 未來政府商圈內的馬路、幹道是否有拓寬的可能性,若有,會有何影響? • 影響針對商店、消費群、人潮流動改變敘述	• 未來商圈內人口的增減情況 • 未來大型休閒集客場所、大型辦公大樓、商業中心等的建造 • 影響針對商店、消費群的改變敘述 • 都更、危老重建,以及地目變更等
資料收集可至縣市政府及交通主管單位蒐集	資料收集可從台灣地區人口統計月報及商圈內的空地建造概況獲得

(十)結論

根據上述各種調查的資料,最後總結時,明確地將資料整理出下列幾項重點並加以說明:

1. 門店應設在何處?
2. 什麼階段適合開店?
3. 配合何種商品組合?
4. 人潮狀況、顧客型態、消費層
5. 集會場所
6. 租金狀況

3.3 財務模型

財務模型可為商圈調查報告或商業計畫書的一部分。財務模型是基於資料和假設，用來模擬門店的財務狀況和未來營運表現的工具。模型包括收入、成本、利潤、現金流等多個面向，旨在提供門店在不同情況下的財務結果預測。另外，可利用本量利分析（Cost-Volume-Profit Analysis，CVP）計算成本、銷售量和利潤之間關係，幫助投資者了解在不同的營業額和成本結構下，如何實現損益平衡與盈利目標。

一、調查抽樣點之實際坪數、租金與押金

若坪數、租金與押金未有實際資料時，可照以下方式操作：
1. 直接與房東洽談（恰有門店出租時）
2. 採用迂迴法（找藉口與目前承租人洽詢）
3. 間接洽詢（詢問附近路邊攤或檳榔攤等）

二、預估每次消費金額

首先評估本次調查商圈抽樣點適合之行業類型，再評估此商圈屬於哪一種類型。商圈類型劃分依住、辦、商所占比例區分，例如：商辦區是商占50%以上且辦占50%以下。最後根據目標連鎖店，依商圈類別所劃分的市場定位，其平均消費單價預定如表3.16所示：

表3.16 商圈類別和其平均消費單價預定一覽表（參考比較值）

商圈類型	住宅區	住辦區	住商區	辦公區	辦住區	辦商區	商業區	商住區	商辦區
消費金額	280元	290元	300元	340元	330元	350元	370元	350元	360元

三、預估每日來店顧客人數

進行加盟店市場調查並預估來客數是開店前評估潛在利潤的重要環節，以下是預估步驟與方法：

（一）實地觀察法

選擇幾個適當的時間點（平日、假日、早中晚）進行客流量統計。以競爭店來客數為基礎，再對比目標門店的地點、知名度及營業面積的差異後，選擇如表3.17之乘數計算出平均每日客流量。

表3.17 對比競爭店優劣差異之調整乘數

項目＼乘數	1.5	1.1	0.8	1.3	1.4	1	0.7	1.2
地點	佳	較差	較差	佳	佳	較差	較差	佳
知名度	高	高	較低	較低	高	高	較低	較低
營業面積	大	大	大	大	小	小	小	小

（二）推算法

根據商圈內的目標人口數及消費習慣，預估潛在來客數。首先挑選幾個與目標門店條件近似的已開店，計算所有已開店的入店率後求其平均值，入店率公式如下：

入店率＝各店來客數÷人潮數×100％

預估目標門店的來客數之計算公式如下：

預估來客數＝平均入店率×商圈抽樣點之人數

若要將目標客群的來店頻率因素列入考慮，則需依商圈的消費年齡、習慣、所得的變動等因素，對來客數影響的程度，進行正、負百分比的修正。

四、預估業績

新開連鎖店的業績預估是制定經營計畫的關鍵環節，需基於來客數的

預測、消費行為分析及市場特性,綜合多面向資料進行估算。以下是具體計算的兩個公式:

預估每日營業額＝預估消費金額×預估來客數

預估每月營業額＝預估每日營業額×營業天數

可利用表3.18和表3.19預估開業後業績,以利後續的本量利分析。

表3.18 開業後營業預估表(一)

	期間	預估	預估營收明細(萬元)				預估來客明細(人)				
			美髮	指甲	美容	合計	洗	燙	染	護	剪	總客數
1	年 月 第一個月	日預估										
		月預估										
2	年 月 第一個月	日預估										
		月預估										
3	年 月 第一個月	日預估										
		月預估										
4	年 月 第一個月	日預估										
		月預估										
5	穩定期	日預估										
		月預估										

表3.19 開業後營業預估表(二)

	第一個月	第二個月	第三個月
員工淨額			
淨利額	±	±	±
淨利比率			
平均客單價			

五、預估固定費用和變動成本

　　固定費用是指即使營業額為零，也需要支付的固定支出。這些費用與來客數或銷售量無關。變動成本與來客數直接相關，來客數越多，成本越高，見表3.20。其中可以發現預估總變動費用等於預估月營業額的42％。若預估全年業績時，需考慮旺季與淡季的波動而調整預估值。

表3.20 預估固定費用項目和變動成本項目一覽表

預估固定費用項目	預估變動成本項目
• 固定薪資＿＿萬元 • 設備折舊費用＿＿萬元 • 各項保險費＿＿萬元 • 商譽金或加盟費用＿＿萬元 • 其他固定費用＿＿萬元	• 營業稅（5％） • 變動薪資費用（28％） • 原料費用（7％） • 紅利預撥（2％）

六、預估稅前淨利

　　預估新開加盟店的稅前淨利可評估門店的盈利能力。將預估營業收入減去預估固定成本和預估變動成本後，得出預估稅前淨利，實際計算公式如下：

預估稅前淨利＝預估月營業額－房租－預估固定費用－預估變動總費用

七、損益平衡

　　既有上述資料，即可利用表3.21或損益表（Income Statement），計算損益平衡點（Break-Even Point，BEP）。損益平衡點又稱損益兩平點，損益平衡點的銷貨量公式如下：

平衡點的銷貨量＝固定成本÷（單位售價－單位變動成本），或

平衡點的銷貨量＝平衡點銷貨額÷單價

其中損益平衡點營業額如章節7.3所示。初期可能需考慮開店成本較高，如裝潢、設備採購費用等而進行實際調整。表中的坪數、租金、押金皆依立地點門店之實際坪數填入、依實際押金數填入。

表3.21 預估四家門店之收入支出與淨利計算表

抽樣時間：＿＿＿＿年＿＿＿＿月＿＿＿＿日（15分鐘／次）

	甲店	乙店	丙店	丁店
坪數				
每月租金	萬元	萬元	萬元	萬元
押金	萬元	萬元	萬元	萬元
預估每次消費額	元	元	元	元
客戶人數／日	人	人	人	人
預估營業額	萬元	萬元	萬元	萬元
預估固定費用	萬元	萬元	萬元	萬元
預估變動成本	萬元	萬元	萬元	萬元
預估稅前淨利	萬元	萬元	萬元	萬元
預估稅後淨利	萬元	萬元	萬元	萬元
損益平衡	萬元	萬元	萬元	萬元

營業時間以12小時計算

預估固定費用：＿＿＿＿＿＿萬元　　　折舊：＿＿＿＿＿＿萬元

預估薪資費用：＿＿＿＿＿＿萬元　　　其他固定費用：＿＿＿＿＿＿萬元

3.4 開店計畫書

一份完整的連鎖店開店計畫書是開店前必備的重要文件。不僅能幫助企業清楚規劃開店流程，更能說服投資者或上級部門支持本項計畫。表3.22提供一份詳細的目錄與內容範例。

表3.22 開店計畫書目錄和內容簡述

	目錄	內容簡述
1	執行背景介紹	簡述開店計畫的前因後果，扼要說明整個計畫書的重點
2	籌辦人資料	姓名、所屬單位、地址，以及聯繫方式
3	經營方式	直營或加盟、加盟店型態
4	市場分析	抄寫自上述之商圈調查報告，包括： 1.所在地市場特色：商圈範圍消費型態、消費能力、人口數，以及主要消費對象及其特點等 2.位置圖（商圈圖） 3.店坪數 4.房屋租金（每月）、押金 5.預定設備數量，包括：美髮椅、美容椅、沖水臺、蒸髮機 6.商圈內知名商店、公司 7.競爭分析：商圈內主要同行（競爭對手）以及他們的影響力 8.SWOT分析：列舉機會點（有利點）與把握之行為，以及問題點（不利點）與克服辦法
5	資金投入	依據財務規劃、資金需求及經營策略等的考慮，決定開辦門店的資金來源和分期方式。資金來源如企業內部、加盟主，或融資等。分期方式一般分為： 1.前期投入：店面租金、裝修設計、執照申請等費用 2.中期投入：設備採購、人員招聘及培訓、試營運資金 3.後期投入：宣傳推廣、營運初期週轉資金等
6	風險評估	可能面臨的風險：風險應對措施
7	門店設計	門店風格、布局、裝潢設計圖，詳見章節3.6 設備清單及預算
8	價位	各項商品和服務的價位
9	預估費用	預估開辦總費用，以及列舉詳細項目的費用
10	營業計畫	預估目標，同預估業績，見表3.18和表3.19
11	時程規劃	見表3.22之開店進度表

12	人事編列	見表3.23之開店時的人事編制
13	人員訓練	見表5.13之開店集訓課程需求表
14	結論	● 重申開店計畫的主要目標和預期效益 ● 強調本計畫的可行性與競爭力

表3.22 開店進度表

月/日	星期	距開幕天數	工作項目
		90	尋找市場
		60	市場調查
		45	預擬人員
		45	召開籌備會
		45	新主管駐友店觀摩、實習
		40	第一期開辦資金收齊
		30	申請電話
		30	裝潢設計圖敲定
		30	經營計畫書提出
		28	挑選生財器具、議價、決定使用材料
		28	印製表單、宣傳廣告物發包、應徵人員
		25	人事確定
		20	服裝發包
		20	裝修開始
		15	集訓、建立顧客資料
		10	展開商圈拜訪（第一波）
		7	表單送達現場
		5	進貨、進器材
		5	宣傳製作物送達現場
		3	展開商圈拜訪（第二波）
		2	小營業
		1	小營業（開幕前晚會）
		0	開幕酒會

表3.23 開店時的人事編制

駐店主管：_____（經理、副理、主任）

協力幹部：_____（副理、營業主任）

項目 \ 職稱姓名	編號	設計師（_人）	編號	助理（_人）	編號	助手（_人）	編號	學員（_人）	其他（_人）
預定									美容師
									會計
									洗毛巾／煮飯
候補									
備註									

3.5 開店管理與注意事項

在市場調查和選址分析後，完成開店計畫書，高層確定要新開連鎖店，進入開店的籌備期，此時需要依序做哪些事？有哪些注意事項？本單元將解答這兩個問題，其中內容可整理成開店或展店管理手冊。整體開店法則就是要求精、求準、求好！

一、開店要領和注意事項

新開連鎖店時，籌辦人應該先進行與政府機構洽公這部分，再進行店頭裝潢。緊接著展開招聘與員工培訓。向總公司首次進貨並做好門店擺設和庫存管理。廣告宣傳可快速觸及大範圍顧客，公關活動可增強品牌與顧客的情感連結，如果資源允許，兩者並行是最有效的方式。然後就可以開始準備開幕事宜了。

（一）政府機構部分

工作項目如核備申請商店使用執照、申請水電、通信，以及聯繫鄰里、警備與消防等，連鎖企業應該制定有詳盡的相關處理辦法。

（二）門店裝潢部分

盡量提早租店簽約，以確定交屋日期。依據制定的裝潢管理辦法，事先取得屋主同意，前往租店進行面積丈量。盡快繪製草圖，以利門店設計改良事宜。估價發包，包括：廣告物、騎樓、地壁面、水電、鏡架、櫃台、沖水檯、營業設備、空調，以及音響等。施工過程中的督導，監工、協調、日程控制，以及品質管制等都不能馬虎，避免擾鄰，最後逐項試用及驗收。

（三）門店商品及設備部分

參考總公司的門店管理辦法，製作門店陳列平面。依規定放置各種設備、陳列架、廣告物，與標語等。製作陳設檯、進行商品檢查和標示，以及陳列商品和調整服務動線等。準備商品與庫存，首次訂貨，與總部或供應商確認產品種類和數量。建立進銷存管理系統，避免缺貨或存貨過多。

（四）人員甄選訓練作業

參閱人事管理制度的徵人辦法，透過廣告、介紹，和調派等方式，依門店規模招聘所需人力，包括店長（或店經理）和技術人員等，甄選及核定後通知錄取人員報到。人員報到後開始各項職前訓練，項目包括：公司簡介、願景、價值觀、工作規範、服務流程、專業技術、促銷活動說明，

以及展店前勝敗分析等。實施作業技巧演練，以熟悉店的特色、月份、季度的工作主題，第一線員工還需進行銷售禮儀訓練，最後說明開幕活動和程序，並分配工作。第五章將對人員的甄選和訓練這兩個議題進行更詳細的說明。

（五）促銷廣告

根據促銷管理辦法，完成促銷廣告方案的規劃，核准後開始實施。製作廣告物如海報、傳單、氣球、面紙、賣場飾物旗幟，以及印製邀請函等。做好贈品訂購和進貨，開始廣告媒體的執行。第六章將對促銷管理這議題進行更詳細的說明。

（六）開幕和公關部分

配合地理風水及民間習俗，選定日期時間。邀請貴賓和通知剪綵人，準備好剪綵和開幕的道具。規劃開幕當天祝賀物如何擺設、準備開幕日來店感恩小禮物、擬定開幕之安全措施，以及開幕之預演和先前營業。以上工作應參閱連鎖企業的公關、促銷管理辦法。

（七）開店公關事項

邀請新聞傳播界、同業與供應商參加說明會，宴請新聞傳播界應邀人員。與政府相關機構（上級主管單位、警政、消防、鄰里長）建立並保持良好關係。邀請消費者團體、員工親朋好友，以及商圈內異業商店參加開幕儀式，落實媒體消息之發布。第六章將對公共關係這議題進行更詳細的說明。

（八）開幕前夕

總公司督導人員和店經理進行總體工作逐項追蹤與檢討。實施門店裡面和周遭最後之清潔管理與流程演練。進行開幕前夕人員的精神講話。

（九）整體進度控制

整個開店過程都需要專案管理的精神和方法。首先將每一細項列入進度表。分配每一項工作的負責人和相對應的監督人，可採角色輪流方式，增加員工的工作經驗。逐項控制作業進度，不可延遲。即時顯示進度並向

上報告，如遇有差異時，迅速補救，以免耽誤整個專案行程。

二、開店作業要項補充說明

本單元是上一章節的補充說明，表3.24的前五項可由總公司協助執行。表中談到的「店頭廣告」（Point of Purchase Advertising，POP）即「銷售點廣告」，是指在銷售現場張貼或擺放的促銷宣傳物品，用於吸引顧客注意並促進購買決策。它通常布置在門店內外，近距離影響消費者，是零售店與加盟店常用的行銷工具。

表3.24 開店作業要項補充說明

	作業要項	細項說明
1	政府申請作業	有關公司名稱、商標的登記授權、設立、請領執行、申請用電等，見表3.25
2	大硬體規劃執行	有關招牌、店頭裝潢、鏡檯、附屬道具等的規劃、設計、簽約、施工等工作，見表3.26
3	小硬體規劃執行	有關店內的生財器具、辦公設備之議價、簽約、採購或訂製
4	水電規劃執行	店內外所需的照明設備、線路、插座、開關、水管、冷氣，以及空調配線等等設施的規劃、議價、施工安裝等工作
5	驗收作業執行	請專業人員負責對大、小硬體、水電等工程做品質及位置驗收
6	清理作業	裝潢施工完畢後商品進貨前及小營業，均應對店內外環境、陳列道具、生財器具、包裝材料，做全盤性的整理和清潔
7	商品整理	商品進店後的四個規定動作： 1.清點數量、品牌、品名及檢驗外包裝品質 2.依商品目錄上之編號打上正確的標籤（編號及售價） 3.將商品依「檯帳圖」規定的數量、次序、位置（陳列架號）正確地、整齊地擺放在陳列架上 4.小營業前對所有商品逐一做清潔與「拉面」的整理

8	促銷廣告作業	1.開幕的促銷案申請核准 2.備妥贈品 3.發送氣球、面紙 4.製妥店頭廣告並張貼 5.備妥促銷道具 6.廣告媒體之執行
9	人員招聘	1.徵人廣告 2.甄選、核定 3.錄用通知 4.報到
10	人員訓練	各項職前訓練之執行，促銷活動說明、實地演練
11	整體控制	由營業部主管針對前述10項工作項目，編製「開店進度總表」以為全盤掌握，整體控制

表3.25 政府申請作業表單

工作項次	受理單位	所需時間	承辦單位	承辦人	交件日期	應完成日期	跟催	實際完成日期
1.公司名稱與商店名稱商標								
2.營業執照登記申請								
3.營業用水申請								
4.營業用電申請								
5.電話申請								
6.核稅、發票申請								
7.衛生講習								
本單跟催者：				開幕日期：				

表3.26 大硬體規劃執行

工作項次	受理單位	所需時間	承辦單位	承辦人	交件日期	應完成日期	跟催	實際完成日期
1.門店規劃、費用案申請								
2.裝潢施工圖繪製								

3.開店案核准				
4.招牌發包製造				
5.霓虹燈發包製造				
6.信號燈發包製造				
7.陳列道具發包製造				
8.鏡架發包製造				
9.冷氣孔管發包製造				
10.後場設備發包製造				
11.粉刷作業發包製造				
本單跟催者：			開幕日期：	

三、開店基本動作

商圈調查就是要做對的事，而開店實施是要把事做對。針對加盟店體系，開店的基本動作主要涉及規劃、執行、檢核與分析等四個方面。這些動作對於門店的成功營運及品牌的長期發展具有關鍵性意義。

（一）工作控制

門店管理的第一個動作，即是編列開店前的「工作清冊」，務必使開店前的各項準備工作鉅細靡遺，讓開店事宜更加完美。

（二）時間控制

開店前的每項工作應精算到所需的工作天數，並安排每項工作進行的起日和終日，以使各項工作能如期進行和完成，並確保每項工作的品質。

（三）執行者控制

開店前每項工作的每一細項都應委派有能力完成任務的人員負責執行。切忌工作責任劃分不清，工作內容、方式，和完成日期交代不清。業務部主管為總負責人，應負督導和成敗之責。針對前述開店的各項工作，編製「開店進度總表」以為全盤掌控的管理工具。

（四）善用管理工具

為方便開店管理導入，開店過程應以系統化、詳細化的執行手冊為依歸。設計出包含「工作起終日」、「負責執行人」、「工作項目」、「進度追蹤」等內容的「開店管理表」，並成為門店的管理工具。每一張表單都需委派一人專屬負責跟催及管控。

（五）品質控制

開店前各項軟硬體的準備動作、工具，應力求品質的一致性，並在水準以上。注意施工中的過程管制，以確保施工品質及安全。如能推動全面品質管理（Total Quality Management，TQM），那就再好不過了。

（六）最後檢核

從總公司視角來看，開店時進行最後檢核是確保新店能夠按照連鎖企業標準成功營運的關鍵步驟，以下列舉新店開幕前的最後檢核項目實例：

1. 人事管理規章手冊讀過沒？有無不解之處？
2. 年度工作計畫讀過沒？有無不解之處？
3. 各項會議之性質、功能、時間、重點、過程，以及主持能力等有沒有問題？
4. 各種活動之執行、安排、配合、追蹤、示範，以及督導等有無困難？
5. 各項制度之維護（賞罰、請假、零用金支付、站班、輪班、價格、記帳、工作執掌、升遷）。
6. 閱讀、審查，教導與分析各項報表，包括：營業金額明細表、每日業績表、員工工作日報表、人事異動統計表、經營會議業績檢討表、月報表，以及損益表等。
7. 目標管理（業績）會不會設定、分配，有無達成辦法？
8. 人事管理如何？人事資料完整正確？符合理想人數？能不能掌握？
9. 員工定期考核表會不會做？（開幕集訓是否已鑑定？）
10. 薪資制度瞭解嗎？有沒有困難？
11. 員工契約書何時簽署？

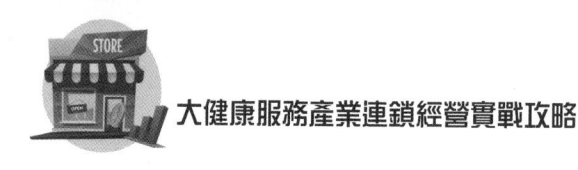

12. 自營店的訓練課程如何安排？
13. 貴賓卡、貴賓冊的使用方法？
14. 公司的福利項目知道嗎？有沒有讓全店員工瞭解？
15. 紅利金、福利金如何撥計？
16. 對商圈與競爭對手瞭解多少？有無因應的競爭對策？
17. 材料使用符合規定嗎？（色調、安全問題）
18. 損益表會做嗎？收支正常嗎？（由財務部指導）

（七）補充注意要項

開店作業千頭萬緒，除了上述基本動作外，還需檢核如下事項：
1. 裝修時注意到企業識別（企業色、標準字體）。
2. 主管需熟讀「年度計畫書」、「人事規章」、「店長手冊」。
3. 人員確定後請編號，以便製作名牌、印名片。
4. 人員需簽約、鑑定級數。
5. 需決定設計師價碼、抽成說明。
6. 開幕前，服務人員以半薪計。
7. 店門口或店內盡量申請公共電話。
8. 建立財產目錄。

3.6 門店規劃與裝潢施工

總部需先制定出店頭裝潢管理辦法，可使連鎖體系各分店有一致性對外的企業形象，各分店都須依循此辦法並落實裝潢施工。

一、門店裝潢施工原則

在進行門店裝潢施工時，需要遵循一系列原則以確保設計與施工的安全性、功能性、舒適性、美觀性和經濟性，但本施工原則較多關注的是經濟性。

（一）可移動性設計

為配合未來加盟店之快速展店、遷店，原則上設計80%以上可移動，且能再使用。可移動的設備如鏡台、桌椅、陳設，以及服務（收銀）台等。

（二）縮短工期

地板、天花板，和壁面的施工期間盡量縮短，建議工期如下：

1. 30坪以下門店：施工7～9天。
2. 30坪～45坪門店：施工8～10天。
3. 45坪以上門店：施工9～12天。
4. 若遇特殊情況，例如：改建樓梯、廁所、打建牆壁等，總工作天以不超過5天為原則。

（三）建立照度標準

使用明亮且柔和的燈光，提升顧客體驗細節，為門店不同功能區域、招牌、內場和走廊等建立照度標準，並依據標準採買和施工。

（四）使用年限

材料使用年限以三年（含）以上為考量原則，並做到物盡其用。平時做好儲存和維護。

二、門店平面規劃設計圖

好的門店平面規劃設計不僅能提升顧客體驗，還能提高員工的工作效率。根據商業設計、空間規劃的理論知識和實務經驗，設計時需要注意的要點如：根據門店性質劃分功能區域、適當規劃顧客動線和員工動線、陳列與視覺設計符合品牌形象一致性、營造舒適的整體顧客體驗，以及遵守各項法規與安全標準等。選擇哪種設計取決於預算、業務需求、空間形狀，以及目標客群等因素。以下提供幾種常見的平面規劃設計圖。

（一）長窄型平面規劃

圖3.1顯示一個門店的長窄型平面規劃圖，而表3.27列舉此種規劃的優點和缺點。由於長窄型門店空間受限，更需透過精心設計與規劃。此種門

店需增強門口吸引力以增加客流，可利用鏡面增大內部視覺空間、設計合理的動線、在空間深處加強照明，以及增加中途停留區域。使用可移動或多功能的展示架、靈活調整商品陳列布局，以提升空間利用率。

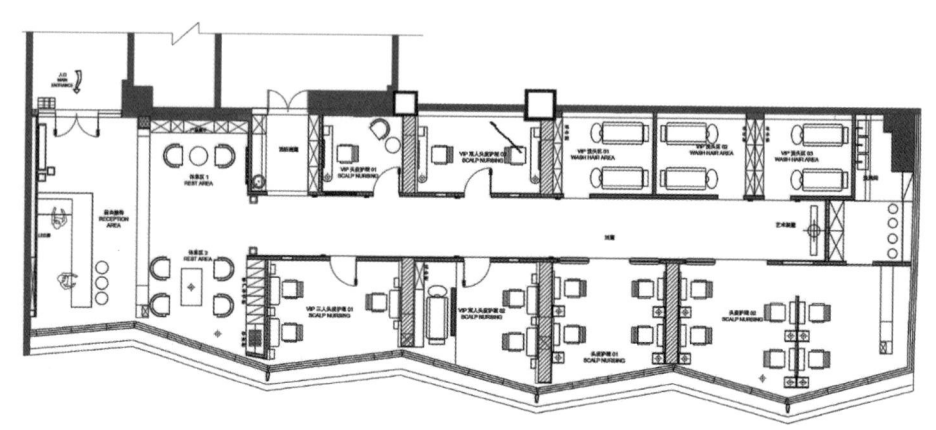

圖3.1 長窄型平面規劃圖（感謝廣東省中山市睿卡博美髮提供）

表3.27長窄型平面規劃的優點和缺點

優點	缺點
• 動線設計更加明確 • 充分利用垂直空間 • 集中顧客視覺焦點 • 節省裝潢與管理成本 • 容易營造親密氛圍	• 狹長的動線可能使顧客減少停留時間 • 如果空間過於狹窄，顧客可能感到擁擠 • 門店寬度不足，大型商品的展示空間受限 • 容易光線分布不均，影響視覺效果 • 在高客流量時，動線容易阻塞

（二）長方型平面規劃

見圖3.2，這種長方型平面規劃適合多功能用途，特別是提供結合服務和零售的行業，但需進一步優化動線、隱私性與空間利用，以提升顧客體驗和員工效率。中心區域通常是視覺焦點，可考慮環形的動線設計，注意各分區的均衡性。需要隱私的區域，應設置在空間的角落或後方。另外，

長方型空間中央部位容易存在光線不足的情況。表3.28列舉此種規劃的優點和缺點。

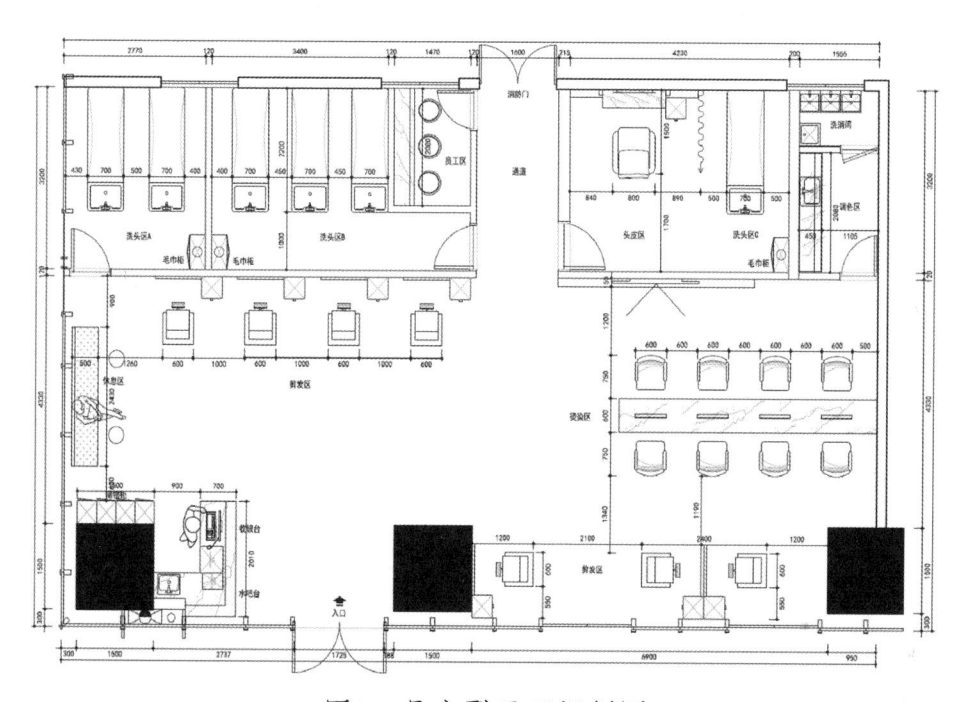

圖3.2 長方型平面規劃圖

（感謝廣東省佛山市畫間佛山悅然廣場店提供）

表3.28長方型平面規劃的優點和缺點

優點	缺點
• 空間結構平衡，適合進行均勻的功能分配 • 結構方正，處理異形空間較少 • 動線規劃較為簡單 • 可讓顧客感覺空間寬敞且舒適 • 滿足綜合業務需求	• 中間區域較易光線不足 • 空間角落容易被忽視 • 比較不適合單一門口的門店

（三）含斜邊平面規劃

見圖3.3，若想凸顯美髮美容店的創意與個性化特質，此種規劃是一個加分選擇，但如果想要高效利用每一寸空間，則可能不太適合。圖中的空間夠大，所以沒有影響設計規劃。表3.29列舉此種規劃的優點和缺點。

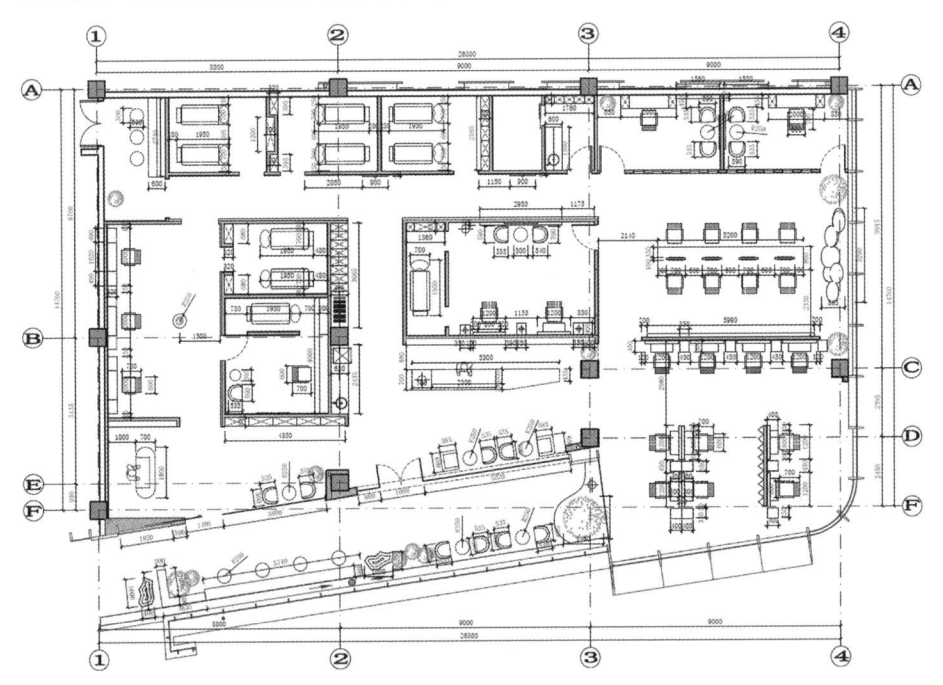

圖3.3 含斜邊平面規劃圖（感謝廣東省深圳市鶴祥宮養生連鎖提供）

表3.29 含斜邊平面規劃的優點和缺點

優點	缺點
• 含斜邊位置通常位於轉角地帶，容易吸引路過的行人 • 斜邊部分可提供更多的自然光進入，減少對人工照明的依賴 • 不規則的空間規劃讓店面顯得與眾不同	• 空間布局較難以完全利用，容易出現無法充分利用的死角 • 裝修和家具布局需要更高的設計靈活性，可能增加成本 • 動線設計需更精心規劃

（四）美容中心平面規劃

美容中心主要包含美容室和SPA區兩大部分，內部可設計一些造景和盆栽裝飾。如果品牌定位是專業、高端，且希望提供顧客深度體驗，可以選擇分區式空間規劃。表3.30列舉此種規劃的優點和缺點。

表3.30 美容中心平面規劃的優點和缺點

優點	缺點
• 美容室與SPA區獨立分隔，營造專業感 • 美容室提供相對私密的空間，適合需要隱私的服務 • 動線簡潔，便於提供針對性服務 • 降低干擾，提升顧客的舒適感	• 為了劃分不同區域，可能需要多增加牆面或隔板，導致部分空間無法充分利用 • 隔間、裝修及空調等設施需要因應不同區域設計，增加裝修與營運成本 • 空間用途受限制，若未來需轉型或調整，拆改成本可能較高

（五）一般型平面規劃

一般型平面兼具長方型的穩定性與長窄型的延伸性，是較為平衡的選擇，但仍需根據實際需求進行動線設計和空間布局，以發揮其優勢並減少缺點的影響，見圖3.4。表3.31列舉此種規劃的優點和缺點。

表3.31 一般型平面規劃的優點和缺點

優點	缺點
• 通常能平衡空間的深度與寬度，適合規劃多種動線 • 可分隔為多個功能區，適應性強 • 便於設計流暢的進出路徑 • 長邊和短邊都可以靈活用作展示牆面或展示區域	• 靠後端的狹窄區域，可能成為顧客較少注意的地方 • 如動線單一，顧客會感到乏味

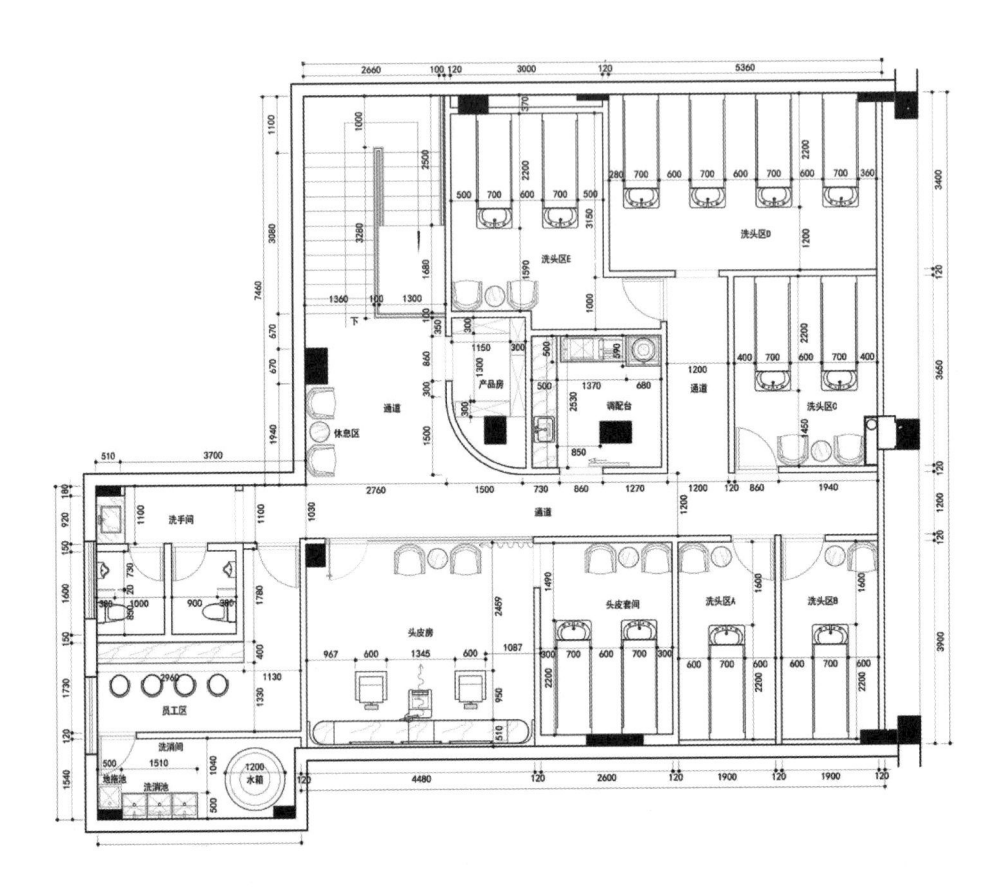

圖3.4 一般型平面規劃圖
（感謝廣東省佛山市蘇奇順德桂畔上東區店提供）

（六）雙門店平面規劃

雙門店面指的是兩個相鄰的店面打通成一個更大的門店，而上述之美容中心平面規劃則是單店劃分美容室和SPA區。美髮美容業服務多元化，包括剪髮、染髮、燙髮、美容護膚等。雙門店可以劃分不同的功能區，提供多種服務而不互相干擾，例如：一側專注於美髮服務（剪燙染），另一側設置美容或護膚專區。表3.32列舉此種規劃的優點和缺點。

表3.32 雙門店平面規劃的優點和缺點

優點	缺點
• 雙門店提供了較大的空間，能提供更舒適的環境 • 分區明確 • 雙門店規模更大，表現品牌優勢 • 適應多樣化業務需求 • 提升員工工作舒適度	• 租金、裝潢、維護等成本都會增加 • 空間管理難度增加 • 如果規劃不當，顧客可能對動線感到迷惑 • 如業務需求量不同，將造成客流分配不均 • 若未規劃好隔間，容易影響私密性

三、整修要點及注意事項

門店整修可以打造吸引顧客的環境，聘請專業設計和施工團隊或合作廠商，提供設計和施工建議，以避免不必要的錯誤和返工。

（一）內部大整修或新開幕

門店裝潢年限達三年後，即可考慮進行內部大整修。凡新接收加盟的門店，為求連鎖系統整體品牌視覺效果能達成一致，需進行大整修或重新裝潢。

（二）局部小整修

門店裝潢年限滿一年半者，可視老舊情況進行小整修。原則上，以色彩控制（粉刷）與雜物櫃維護為主。

（三）擴充營業面積

應於營業額季成長率達35%才列入考慮。各店主應於三週前向總部報備，由總部統籌後辦理。

四、施工合約簽訂

（一）發包方式

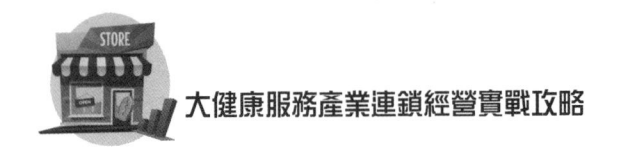

最好由三家廠商議價後，選出最佳者，一般以價格最低者得，但仍需考慮材料和施工品質。若有長期配合的廠商，或配合良好（施工品質、準時完工）的廠商亦可優先考慮

（二）合約簽訂時注意事項

注意施工圖的確定，色彩與前期一致，材質相等或更優，選在正常上班時間施工。簽約確定完工日期，並明定未能履約的罰則，

（三）議價原則

設計施工圖依商圈別區分，參考公司的標準平面設計修改，以不多加收設計費為原則。以下為付款方式：

1. 於簽約時或動工前支付總價款30%，以現金支付。
2. 於完工驗收後，支付30%，票期1個月。
3. 尾款40%開具60天期支票支付。
4. 施工不完善部分需扣款。
5. 若因而影響門店之營運損失，則需負責賠償。
6. 他日付款（Deferred Payment）方式因與廠商配合較久，採取驗收當天起算，開立45天期支票支付。

3.7 旗艦店

無論是直營連鎖、授權連鎖、還是結合直營與加盟模式，都可以成立旗艦店。旗艦店是一個品牌或企業在特定地區或市場中最重要、也是最具標誌性的一家門店。通常以展示文化象徵、品牌形象、產品線及體驗服務為主要目標。其目的不外乎可提升品牌曝光度、樹立標杆、吸引高端或目標客群、測試市場對新產品或服務的反應，以及打造品牌獨特性的消費者體驗等。通常具有以下特點，見表3.33。

表3.33 旗艦店的特點及說明

特點	說明
規模較大	面積通常比普通門店大,提供更完整的商品與服務
裝潢設計	門店設計會更具品牌特色,以吸引目光並增強品牌形象
創新功能	通常提供其他分店沒有的新功能、新商品或體驗,例如:試用區、互動展區,或更好的服務
地理位置	選址通常位於大都會核心區域、商業中心或高人潮的地點,例如:知名購物街、地標性建築等
品牌形象	被視為展示品牌實力和價值觀的示範店,主要用來吸引消費者注意並加深品牌忠誠度
帶動買氣	經常舉辦品牌相關活動,例如:新品發表會、限定活動

　　為了建立強大的品牌認知度,連鎖企業需要一個空間來集中展示品牌的核心價值和理念。旗艦店在直營體系中由品牌方完全掌控,若是在其他的經營模式下,則品牌方對加盟商的要求需特別嚴格,以維護品牌形象。表3.34展示開設旗艦店的優點和缺點:

表3.34 開設旗艦店的優點和缺點

優點	缺點
強化品牌與差異化	成本投入大
增強消費者體驗	對管理能力要求高
吸引目光與流量	容易成為同業攻擊的對象
市場測試功能	若經營不善,反而造成負面影響
提高收入與利潤	可能面臨長期虧損

　　設立旗艦店是一個策略考量,所以在開店前的市調需更加仔細,選址也更加注重高流量地點和符合品牌形象。店面設計更應該突出品牌特色,並與其他門店區別開來。選用優質員工且進行更加嚴格與規範的培訓,在

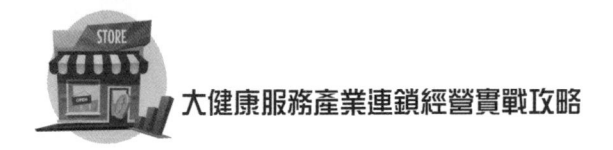

經營時需考慮其對整體品牌效應的貢獻，而非單純盈利。在某些情況下，創始店被改造成旗艦店，尤其是品牌方希望強調歷史與文化時，會賦予創始店更高的形象地位，甚至成為觀光景點，例如：鼎泰豐本店。

3.8 其他開店管理工具

管理工具是一種用來幫助組織、計畫、執行和評估工作流程或業務的手段或資源。管理工具的形式非常多樣化，可以是實體的（如表單、文件）或數位的（如軟體、系統），其目的在於提升效率、方便討論與溝通、規範操作，以及支持決策等。本單元將列舉與前文有關的管理工具實例，以供同業和讀者參考。

一、比較損益表

比較前後兩期的損益表有助於企業及時掌握經營現狀、分析經營成果的變化，發現問題，調整策略，為未來經營提供有力支持，見表3.35。

表3.35 比較損益表

____年____月____日至____年____月____日

項　　目	本期			上期		
	小計	合計	%	小計	合計	%
營業收入						
銷貨收入						
勞務收入						
業務收入						
其他收入						
營業成本						
銷貨成本						
勞務成本						

業務成本						
其他成本						
營業毛利						
營業費用						
薪資						
保險費						
教育經費						
租金						
文具用品						
差旅費						
交際費						
郵電費						
廣告費						
水電瓦斯費						
折舊修繕費						
捐贈						
呆帳						
營業利益（或損失）						
營業外收入及費用						
營業外收入						
利息收入						
投資收益						
其他營業外收入						
營業外費用						
利息費用						
投資損失						
其他營業外費用						
所得稅費用（或利益）						
稅後純益（或純損）						
非常損益						
本期純益（或純損）						

二、新店開幕期間的促銷廣告作業表

表3.36用於開店時期的促銷與廣告的申請和執行。第六章中將對連鎖企業的促銷管理做進一步的說明。

表3.36 新店開幕期間的促銷廣告作業表

工作項次	受理單位	所需時間	承辦單位	承辦人	交件日期	應完成日期	跟催	實際完成日期
1.開店促銷案申請								
2.開店廣告案申請								
3.對外活動接洽								
4.廣告內容設計								
5.DM、海報發包印製								
6.店頭廣告、紅布條發包印製								
7.贈品點券招待券印製								
8.媒體訂購及宣傳執行								
9.書面資訊印製								
10.DM發放（開幕前三天）								
本單跟催者：			開幕日期：					

三、連鎖店開幕工作執行進度表

表3.37是一份連鎖店開幕的工作執行進度表，此表涵蓋前期規劃、籌建期，直到開幕各個階段的重要事項。設計重點是時間軸清晰、執行人明確，以及註明每個階段的關鍵注意事項，便於後續跟進。使用時可根據實際進度隨時更新。

表3.37 開幕工作執行進度表

開幕日期：___年___月___日　　店別：_____　地址：_____

類別	工作項次	執行單位	執行人	距開幕天數					備註
尋點	1.租點確定	展店課		90					
	2.市場調查	展店課		75					
籌備會	1.契約簽訂期限	營業部		45					
	2.確定經營規模	營業部		45					
	3.開辦資金收集	營業部		40					
	4.確定開幕活動	行銷部		30					
營運預估	1.提出經營計畫書	營業部		40					
	2.確定開支預算	營業部		30					
	3.確定營業額預估	營業部		30					
	4.確定人員數	營業部		40					
店頭裝潢	1.規劃動線	店務課		30					
	2.設計藍圖	店務課		30					
	3.廠商發包	店務課		15					
	4.裝潢、水電施工期	店務課		15					
	5.空調設備發包安裝	店務課		15					
	6.安裝貨架設備	店務課		5					
政府機構	1.公司登記	行政課		75					
	2.公司使用執照	行政課		60					
	3.申請安裝電話	行政課		45					
店頭設備	1.挑選生財器具、數量之確定、議價	店務課		28					
	2.決定新店軟體特色	展店課		28					
	3.表單印製發包	行政課		28					
	4.服裝發包	行政課		28					
店頭布置陳列	1.確定販賣商品品項、數量	商品課		40					
	2.商品進貨檢查、標示和陳列	商品課 店長		5					
	3.現場清潔整理	店長		6					

	4.店頭廣告、旗幟布置張貼	美工 店長	4						
人員募集與訓練	1.新主管駐友店觀摩	人資課	45						
	2.人員招募任用預定	人資課	45						
	3.人員訓練課程安排	人資課	28						
	4.技能、口語訓練	人資課	15						
	5.洗頭、按摩特色訓練	訓練課	15						
	6.新外型燙髮定案	訓練課	20						
	7.清潔衛生流程規定	店長	20						
	8.住宿管理	店長	20						
	9.護髮、亮髮操作	訓練課	15						
	10.關懷語、微笑訓練	訓練課	14						
	11.驗收、精神鼓勵	人資課	10						
	12.技術訓練	訓練課	20						
	13.開幕之髮型定案	訓練課	10						
公關宣傳	1.建立客戶資料	全體	10						
	2.展開商圈拜訪	全體	10						
	3.熟客聯絡	設計師	15						
	4.家庭聯繫	店長	15						
	5.敦親睦鄰活動	店長	7						
	6.開幕傳單印製發包	行政課	28						
	7.送達、發放開幕傳單	店長	5						
開幕	1.小營業（高階主管蒞臨鼓舞）		2						
	2.小營業（開幕前晚會）		1						
	3.送達開幕贈品	行政課	3						
	4.擺設祝賀物	店長	1						
	5.人力調度及工作分配	店務課	1						
	6.開幕酒會		1						
知名度	1.商圈電話調查	行銷課	+7						
	2.來店客層（源）分析	店長	+30						

總經理：＿＿＿＿＿＿　　主管：＿＿＿＿＿＿　　製表人：＿＿＿＿＿＿

四、開幕進度流水表

表3.38是一種專案管理工具，常用於規劃和監控門店開幕的整體流程。主要目的是將開幕相關的各個階段和任務以時間軸的形式呈現，讓負責人可以清楚掌握進度，確保所有細節如期完成。

表3.38 開幕進度流水表

開幕日期：＿＿＿年＿＿＿月＿＿＿日　　店別：＿＿＿＿＿＿＿

距開幕天數	工作項次	執行單位	執行人	配合廠商	實際執行情況	備註
90	1.確定租點	營運部				
75	1.市場調查	營運部				
	2.公司登記	行政部				
60	1.公司使用執照	行政部				
45	1.契約簽訂期限	營業部				
	2.確定經營規模	營業部				
	3.新主管駐友店觀摩	人事部				
	4.人員招募任用預定	人事部				
	5.申請安裝電話	行政部				
40	1.提出經營計畫書	營業部				最遲20天前交齊兌現
	2.收齊開店資金	營業部				
	3.確定人員數量	營業部				
	4.確定店販商品品項及數目	商品部				
30	1.確定開支預算	營業部				
	2.確定動線	店務部				
	3.設計藍圖	店務部				
	4.確定開幕活動	行銷部				
	5.確定營業額預估	營業部				
28	1.決定新店軟體特色	營運部				
	2.挑選生財器具、確定數量、議價	店務部				

	3.安排人員訓練課程	人事部				
	4.開幕DM印製發包	行政部				
	5.表單印製發包	行政部				
	6.服裝發包	行政部				
25	1.確定裝潢水電施工	店務部				
20	1.技術訓練	訓練部				
	2.規定清潔衛生流程	店長				
	3.住宿管理	店長				
15	1.裝潢廠商發包施工	店務部				裝潢時間原則上7～10天
	2.空調設備發包安裝	店務部				
	3.體能、口語訓練	人事部				
	4.特色訓練	訓練部				
	5.服務流程訓練	訓練部				
	6.設計師訓練驗收	人事部				
	7.熟客聯絡	設計師				
	8.家庭聯繫	店長				
14	1.關懷語、微笑訓練	訓練部				
10	1.訓練驗收、精神鼓勵	人事部				
	2.定案開幕髮型	訓練部				
	3.建立客戶資料	全體				
7	1.展開商圈拜訪	全體				
	2.敦親睦鄰活動	店長				
	3.裝潢驗收	店務部				
6	1.現場清潔整理	店長				
5	1.安裝貨架設備	店務部				
	2.商品進貨檢查、標示和陳列	商品部				
	3.送達、發放開幕傳單	店長				
	4.小營業	店務部				
4	1.布置張貼海報、旗幟	美工				
3	1.送達開幕贈品	行政部				

2	1.高階主管蒞臨鼓勵	行政部				
1	1.開幕前晚會	行政部				
	2.擺設祝賀物	店長				
	3.人力調度及工作分配	店務部				
	4.開幕酒會綵排	行政部				
	5.新髮型總整理	設計師				
0	1.開幕酒會	行政部				
+7	1.商圈電話調查	行銷部				
+30	1.來店客源分析	店長				

五、競爭對手調查問卷

競爭對手調查問卷是用來深入了解市場中競爭對手的產品、服務、策略和市場表現的重要工具。這些調查幫助企業評估自身定位，發掘差異化優勢，並制定有效的競爭策略，見表3.39。

表3.39 美容院調查問卷

店名		級數		營業時間	AM　～PM
店址				訪問日期	
電話				訪問時間	
創立時間				訪問姓名	（_____店）

設計師：____ 人，鏡台：____ 座，坪數：____ 坪，一天總客數：____ 人

總員工數：____ 人，沖水台____ 座，美容躺椅：____ 張，護髮機：____ 座

顧客資料建立：有☐　無☐　　熟客：多☐　中☐　少☐

洗髮：女____元，男____元，剪髮____元，燙髮____元起

新娘化妝：____元，臉部保養：____元起

與本公司距離：近☐（100公尺以內）、☐中（100～200公尺內）、☐遠

對本公司影響：很大☐　普通☐　沒有☐

項目＼程度	優	佳	可	差	劣	項目＼程度	優	佳	可	差	劣
服務						地點					
技術						門面					
清潔						生意					

經營特色：	該店生意優缺點：
廣告促銷及效果：	

第四章
智慧化經營

隨著科技的日新月異，智慧化經營已成為連鎖企業提升競爭力的重要手段。連鎖企業應當與時俱進，導入當前領先的電腦軟硬體技術，實現智慧化經營，包括：優化業務流程、精準行銷，以及提升顧客體驗等。智慧人機界面的演進，從早期的電腦、行動裝置，逐漸過渡到穿戴設備。連鎖企業公司的制度規章等細節最好以資訊系統固化，除了避免遺忘和失誤外，並可平順日常的經營作業及增強企業的競爭力。以下列舉實現智慧化經營的關鍵要素：

- 建立穩定可靠的資訊技術基礎設施，是實現智慧化經營的第一步。
- 打造一個開放的資料平台，方便不同部門共享資料，促進資料驅動決策。
- 組建一支專業的資訊技術團隊，負責系統開發、維護和資訊分析。
- 不斷探索新的技術和應用場景，保持企業的競爭力。

智慧化經營比較適合大型的連鎖企業，想要進行智慧化經營將會面臨一些必然的挑戰。企業需要加強資料安全保護，以防止資料外洩。智慧化轉型需要大量的資金投入，企業需要做好成本規劃。培養和引進資訊與各個領域的專業人才，以滿足智慧化轉型的需求。營造創新的企業文化，鼓勵員工積極擁抱新技術。

4.1 數位化管理系統

比爾·蓋茲在其著作《擁抱未來》（The Road Ahead）和《數位神經系統──與思想等快的明日世界》（THE SPEED OF THOUGHT：Using a Digital Nervous System）中提出了「虛擬辦公室」的概念，主張企業應充分利用數位技術，實現無紙化運作、即時協作、資訊透明化，與靈活化工作地點等特徵。

在這個數位時代，企業營運數位化已不再是選項，而是生存的必要條件。數位化不僅能提升企業效率，更能帶來創新與競爭優勢。本章節主要

智慧化經營 第四章

利用實例介紹總公司引進內部應用的資訊系統所需時間,以及管理系統的一些分類和功能。完成引進資訊系統的時間取決於系統本身的複雜度、企業的規模、現有基礎設施、高層領導的魄力,以及專案團隊的執行能力和員工配合度。

系統導入期間需歷經一些常規的階段,例如:系統需求分析、決定系統廠牌和類型、系統設計、系統測試、資料載入和轉移、新舊系統並軌運行、員工培訓,以及最後的新系統上線。一般而言,小型企業基本系統的引進時間約半年到一年,中大型企業的複雜系統約需要十二到十八個月或更長。就時程規劃而言,本書提供的專案實例則以一年為限,從三月到隔年的二月,見圖4.1之甘氏圖(Gantt Chart)。

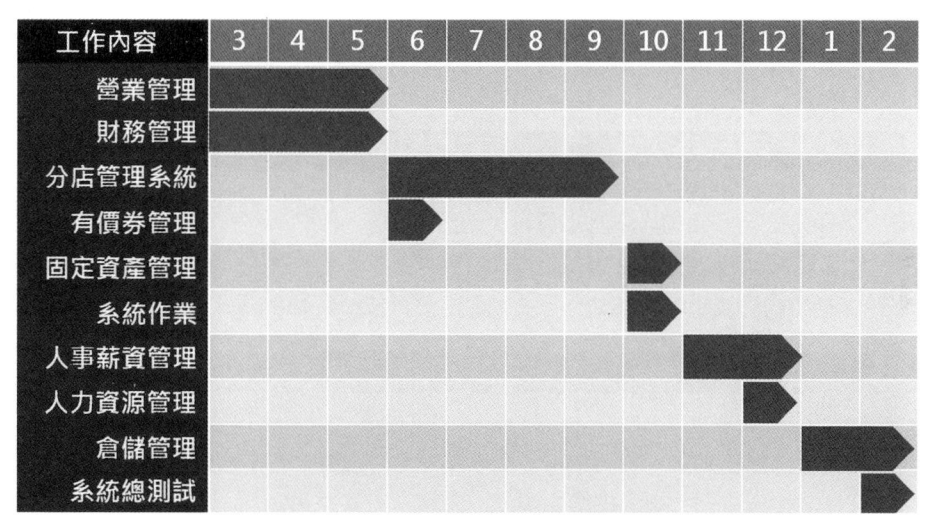

工作內容	3	4	5	6	7	8	9	10	11	12	1	2
營業管理	■	■	▶									
財務管理	■	■	▶									
分店管理系統				■	■	■	▶					
有價券管理				■	▶							
固定資產管理								■	▶			
系統作業								■	▶			
人事薪資管理								■	■	▶		
人力資源管理									■	▶		
倉儲管理										■	▶	
系統總測試											■	▶

圖4.1 引進新系統的時程規劃

表4.1列舉管理系統的一些分類和功能,從中可以發現連鎖企業總公司的日常工作和集中管理模式。人力資源管理應可加入員工排班與績效考核功能。大型企業正規的做法是導入整套的企業資源規劃(Enterprise Resource Planning,ERP)系統,用於幫助企業管理核心業務流程。利用資

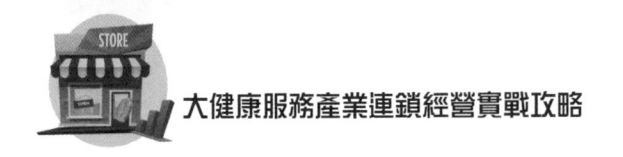

訊系統，行之有年後可累積大量資料，進而可運用巨量資料分析或資料探勘（Data Mining）技術，建立像儀表板這樣的高級決策輔助系統。

表4.1 管理系統的一些分類和功能

	營業管理		
目標	1.快速有效的收集營業資訊 2.以匯總、分析、比較、圖表等各種方式，提供管理者最精準的營業情報	功能	1.業績管理 2.統計圖表 3.全省連線 4.分店資料管理
	財務管理		
目標	1.節省人工記帳、轉帳的時間，進而將人力用於對分店帳務管制及分店會計人員的教育訓練上 2.提供管理者最精確的財務狀況，做為資金調度、運用參考	功能	1.帳務處理 2.票據管理 3.代墊款管理 4.財務分析
	人事管理		
目標	1.保持公司完整的人事基本資料，包括：升遷、異動、訓練等的記錄 2.薪資的計算與考勤評核	功能	1.人事資料管理 2.薪資計算 3.出勤記錄 4.稅務管理
	倉儲管理		
目標	1.記錄商品的進貨、銷貨資料，精確掌握庫存數量 2.建立電腦帳冊，以備採購之詢價、交貨、跟催之需	功能	1.商品建檔 2.採購管理 3.存貨盤點 4.銷貨管理
	人力資源管理		
目標	1.建立分店技術人員培訓的相關資料 2.一個分店需求，提供人力配置所需資訊	功能	1.人才資料建檔 2.人力資源諮詢 3.培訓計畫 4.分店人力需求

	有價證券管理		
目標	1. 統一有價券的發行，有效記錄賣出與使用的數量 2. 簡化有價券記帳方式及各分店轉帳的計算	功能	1. 條碼印刷 2. 自動分帳 3. 電腦記帳 4. 數量稽核
	固定資產管理		
目標	1. 將公司所有財產建立清冊，配合財務系統上線 2. 可隨時查詢各部門財產數量、現值，追蹤資產流向	功能	1. 資產建檔 2. 折舊換算 3. 財產盤點 4. 異動管理
	分店管理		
目標	1. 建立分店經營支援系統 2. 推行資訊的共通性	功能	1. 業績管理 2. 人事薪資 3. 財務會計 4. 客戶資料管理 5. 營業分析 6. 通信連線

4.2 連鎖企業資訊系統的特點

主要是連鎖企業需要管理多個據點，並確保每個據點之間的營運一致性、效率和協作，因此與一般企業相比，連鎖企業的資訊系統具有如下一些明顯的差異：

一、集中管理與資料整合

連鎖企業通常採用集中化的資訊系統，將所有門店的資料匯集到中央系統，以便進行統一管理和分析。例如，銷售時點系統會即時將每筆銷售資料上傳到總部，用於庫存管理、銷售分析和決策支援。

二、標準化與流程一致性

　　為了確保品牌形象和服務品質一致，連鎖企業的資訊系統通常會內建標準化作業流程，例如：訂單管理、採購流程、促銷活動與物流管理執行等，以減少門店之間的操作差異。

三、規模效益與複雜度

　　因為規模較大，需要處理更多用戶、交易和庫存，所以連鎖企業資訊系統必需具備高可擴展性和穩定性。例如，企業資源規劃系統需要同時支持多地協作。

四、跨地域協作與實時性

　　連鎖企業經常需要跨地域運作，因此資訊系統需要支持多語言、多幣種和不同的稅務規範。另外，系統的實時性尤為重要，例如：即時更新銷售和庫存資料，以支持快速決策。

五、消費者互動與數位行銷

　　連鎖企業通常會整合會員管理系統、線上訂購平台和行動支付功能，實現與顧客的多管道互動。同時，系統需支持大規模的數位行銷活動。

六、安全性與權限管理

　　由於牽涉到大量敏感資料，例如：交易記錄、客戶資訊等，資訊系統需具備更高的安全性與複雜的權限管理機制，以確保不同角色的用戶只能訪問其授權的資料。

七、維護與支援

　　連鎖企業需要專業的資訊技術團隊或外包服務來維護和支援系統，確

保各門店的系統穩定運行。

4.3 網際網路應用

　　網際網路（Internet）或稱為互聯網，在今天連鎖事業中的應用相當廣泛，對於提升效率、擴展市場和強化顧客關係都有顯著的幫助。網際網路的運用使連鎖事業能快速適應市場變化，建立更強大的競爭優勢。知名品牌如星巴克、無印良品和全家便利商店等都已經做了很好的應用示範，例如：會員卡及點數系統、網路下單，以及結合電子發票等。以下列舉其主要的應用領域：

一、行銷與品牌經營

　　連鎖企業利用網際網路實施行銷與品牌經營已成為現代商業不可或缺的一部分，以下是具體的應用方式及其優勢：

（一）電子商務平台

　　連鎖事業可透過網路建立具有品牌特色的官方網站或線上商店，提供產品資訊、促銷活動、會員服務，以及購物服務等。因此，可提升品牌的可信度，讓顧客能快速獲取企業資訊。實施線上銷售可突破實體門店的地域限制。

（二）社群媒體行銷

　　透過社群網站如Facebook、Instagram、TikTok，以及YouTube等平台推廣品牌形象，吸引更多顧客參與。方法有內容行銷、話題行銷，以及鼓勵消費者上傳使用產品的照片或影片，提升真實性、參與感與說服性等。

（三）搜索引擎優化

　　增加品牌在幾個知名搜尋引擎中的知名度，吸引潛在客戶流量。可通過購買關鍵字和廣告等方式提高品牌曝光率，或優化官網結構和內容，自

然使得企業訊息在搜索中排名更高。此方式比較經濟，適用於中小型連鎖企業。

二、顧客互動與服務

連鎖企業可以透過網路建立多元化的互動管道與高效的服務模式，增強顧客黏著度，提升品牌價值與消費體驗。以下是具體的應用方式：

（一）線上客服

運用智慧客服或聊天機器人可提供全天式服務，或利用即時客服解答顧客問題以提升消費體驗。

（二）會員管理

透過網路會員系統累積顧客資料，提供個性化優惠及回饋。

（三）意見蒐集

利用線上調查或評論系統收集顧客對產品及服務的反應意見。

三、營運管理

網際網路和軟體系統已經成為現代企業不可或缺的工具，例如：企業資源規劃、物流資訊系統（Logistics Information System，LIS）與客戶關係管理系統（Customer Relationship Management，CRM）。對於連鎖企業來說，善用這些工具能有效提升營運效率、改善顧客體驗、並做出更精準的決策。

（一）資料收集與整合

建立完善的資料收集系統，整合來自各門店的庫存、銷售資料、訂單與物流資料、顧客訊息等，形成統一的資料平台，以提升營運效率。

（二）資料分析與可視化

透過資料分析工具，將龐大的資料轉化為有價值的資訊，並以圖表、報表等方式呈現，幫助企業快速掌握營運狀況，追蹤顧客行為及銷售趨勢，從而優化經營策略。

（三）內部協作

有許多電腦版的，甚至是手機版的應用軟體，可完成各項功能，例如：即時通訊與團隊協同、專案管理與任務合作、文檔與文件管理、線上會議與協作，以及資訊共享等。

四、線上與實體整合

透過線上與實體整合，可實現經營模式的全面升級。連鎖企業能突破地域限制，觸及更多消費者，同時提供更多服務。

（一）線上訂購，線下取貨

結合線上預訂與實體取貨服務，提供消費者更多便利選擇。

（二）數位優惠券

顧客可透過網路領取優惠券，並在實體店兌換，增加進店消費機率。

五、跨境經營

連鎖企業使用網際網路進行跨境經營已成為全球化經濟下的重要策略，能幫助企業突破地域限制，進一步擴展市場，提高品牌影響力和收益。

（一）全球市場開拓

網際網路讓連鎖事業能輕鬆進入國際市場，吸引海外消費者。

（二）多語言支持

提供多語言網站及支付功能，服務全球顧客。

六、創新服務模式

在競爭激烈的市場中，連鎖企業要脫穎而出，除了優質的商品外，創新的服務模式更是致勝利器。透過創新服務模式，連鎖企業不僅能提升顧客滿意度，更能建立品牌差異化，鞏固市場地位。

（一）智慧化門店管理

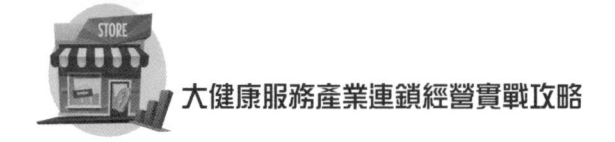

導入智慧門店系統，實現門店營運的自動化和智慧化，包括智慧貨架、智慧支付、智慧巡店等。透過物聯網技術，實現對門店能源消耗的監控和管理，降低能源成本。引進智慧安防系統，以保障門店的安全。

智慧零售店內裝設人工智慧攝影機監控顧客行為，優化店面布局與商品陳列。無人商店結合人工智慧與物聯網技術，讓顧客無需排隊結帳。

（二）會員制服務

會員制係指由顧客向企業定期支付費用，取得商品或服務權益的商業模式。原因為消費者在入會後，在期限內幾乎不可能在其他品牌再消費同類的商品或服務。在線上支付和快遞普及的情況下，連鎖企業可利用此模式，為熱門商品及服務攻下目標市場或創造新的商機。

（三）虛擬實境或擴增實境

虛擬實境是一種透過電腦科技模擬出一個三維的虛擬世界，讓使用者可以身歷其境地體驗這個虛擬空間。擴增實境（Augmented Reality，AR）是一種將虛擬資訊疊加在真實世界之上的技術，透過攝影機影像的位置及角度精算，讓螢幕上的虛擬世界能夠與現實世界場景進行結合與互動。連鎖企業可應用這些技術於產品展示或店內體驗，以提升互動性，例如：可讓顧客線上試穿服飾、眼鏡或試妝，提升購買意願。

（四）個人健康管理

人工智慧驅動的健康分析，可提供個性化健康食品或健身方案。

4.4 行動技術的應用

行動技術在連鎖企業中的應用越來越普遍，能夠有效提升營運效率、改善顧客服務體驗，以及增強銷售和市場競爭力。下列是一些具體的應用範圍：

一、顧客服務與體驗

　　許多連鎖企業開發專屬的行動應用，讓顧客能夠輕鬆進行商品購買、積分管理、優惠活動參與等操作。行動支付應該是顧客最喜歡又常用的功能了，利用手機進行支付，如Apple Pay、Google Pay、微信支付，以及支付寶等，提供顧客更便捷的結帳體驗。還有就是根據顧客的實時位置提供附近商家的優惠訊息或推薦，可提升顧客體驗。

二、庫存管理

　　門店員工或庫房管理人員可以使用手持設備或行動裝置掃描商品條碼進行庫存盤點、補貨需求或商品定位，減少人工錯誤並提升管理效率。利用行動設備，管理層能夠實時監控庫存情況，並能夠快速調整商品分配。第八章將進一步說明庫存與物流管理。

三、員工管理與溝通

　　利用像Slack與Microsoft Teams這樣的線上協作工具，加強總部與各分店之間的溝通，實現即時訊息流通。員工可以通過手機查看排班表，調整工時，並進行請假或交換班次，簡化人力資源管理。

四、行銷與促銷活動

　　門店可以通過行動應用推送優惠券、新品推廣等訊息，吸引顧客進店或進行線上消費。結合行動技術，提供積分和獎勵系統，讓顧客參與忠誠計畫，增加品牌黏性。

五、資料分析與決策支持

　　通過分析顧客在行動應用中的行為資料，企業能夠更精確地預測需求、制定個性化行銷策略，並優化產品組合。行動技術使得管理層能夠隨

時查閱銷售、庫存等關鍵資料，幫助快速做出決策。

六、虛擬實境與擴增實境

有些零售連鎖企業使用擴增實境技術，讓顧客在行動設備上虛擬試穿衣物或配件，提升購物的互動性和趣味性。

4.5 雲端會計管理系統

隨著雲端運算的普及，許多企業將常用的系統遷移到雲端，以降低成本和提高效率。雲端技術的應用非常適合連鎖經營模式，現以雲端的會計系統為例說明：

一、不同層級的配置和需求

這套會計系統的設計將根據三種不同業務層級的需求來配置。

（一）總公司

總公司負責集中管理財務，並監控所有分店的財務狀況。總公司需要從集中的會計系統中獲取所有分店（直營店和加盟店）的財務資料。會計系統提供的功能如下所示：

・監控所有店面的收入、支出，以及利潤等。

・匯總所有店面的財務資料，生成集中的報表，例如：綜合損益表、財務狀況表。

・管理現金流和預算，並根據集中的資料做出財務決策。

・進行跨店的成本分析和盈利性分析。

（二）直營店

直營店負責具體的日常銷售與服務，門店會計需要記錄和管理日常的收入和支出，並向總公司報告。會計系統涵蓋的功能如下：

- 記錄店內的銷售額、成本、員工薪資等。
- 對內部資金進行管理，例如：庫存管理和資金流動。
- 定期生成報表，供總公司進行審核和分析。
- 與總公司共享資料，確保資料的即時同步。

（三）加盟店

加盟店由加盟商經營，依照加盟合約與總公司共享部分營運資料，例如：銷售、分紅、費用等。加盟店的會計系統需要保持與總公司的財務系統連通，並準確地報告其財務狀況。會計系統所需功能如下：

- 記錄日常業務活動，例如：銷售、庫存變動、支出等。
- 根據與總公司達成的協議，計算加盟費、權利金等費用。
- 向總公司報送月份或季度財務報表。
- 確保所有資料在雲端會計系統中同步更新，以便總公司實時監控和管理。

二、使用優勢

總公司、連鎖店和加盟店使用同一套雲端會計系統的優勢如下：

（一）資料集中化

所有使用者都在同一系統中運作，資料即時更新和集中匯總。這有助於總公司對全體門店的財務狀況進行實時監控和分析，簡化了財務審計和報告流程。

（二）統一標準

雲端會計系統可以統一會計科目和報表格式，確保各分店財務資料的一致性，便於跨店的比較和整合。這樣，無論是自營店還是加盟店，都能遵循統一的財務規範。

（三）即時資料共享

雲端系統使得資料可以隨時隨地共享，無需等待傳統的報表提交週期。總公司、直營店和加盟店都能在同一平台上即時訪問並更新財務資

料，提升工作效率。

（四）提高管理效率

由於總公司能即時看到每個分店的營運狀況，能迅速做出調整和決策，這對於提高整體營運效率和反應速度非常有幫助。

（五）彈性和擴展性

隨著企業規模擴大，無論是增加新的直營店還是加盟店，雲端系統都能輕鬆擴展，無需重建整個系統架構。

三、挑戰與注意事項

雲端系統雖然擁有如上述所言的諸多優勢，但無可諱言地在使用上同樣也有些地方具有挑戰性和需要注意的事項。

（一）系統配置與權限管理

雖然是同一套系統，但由於總公司、直營店和加盟店有不同的需求，因此需要在系統中設置不同的權限和訪問層級。這樣可以確保每個層級只訪問其需要的資料，例如加盟店可能只能查看自己的財務報表，不能直接查看其他分店的資料。

（二）加盟店的財務自治性

加盟店可能在某些財務處理上擁有一定的自治權限。總公司需要確保雖然使用同一套系統，但仍能兼顧加盟店的獨立性與總公司的集中管理需求。

（三）資料保護與安全

雲端系統需要確保資料的安全性，包括加密傳輸和防止未經授權的訪問，尤其是在多層級的操作中。可使用混合雲策略，將敏感資料儲存於內部伺服器，普通運算使用公有雲。

4.6 商業智慧

商業智慧是一套基於資料的高深技術，旨在收集、分析和展示企業內部與外部的資料，從而幫助企業管理層與業務團隊進行有依據的決策。商業智慧系統通過轉化原始資料為有意義的資訊，幫助企業洞察業務現狀、發現潛在問題與機會，並制定出有效的策略。商業智慧比較適用於超大型的連鎖企業，其主要組件如下所示：

• 資料倉庫（Data Warehouse）：將來自不同來源的資料集中儲存，支持快速查詢與分析。

• 線上分析處理（Online Analytical Processing，OLAP）：提供多維度資料分析，比如按地區、時間、產品分類檢視銷售情況。

• 儀表板：也稱駕駛艙，將關鍵業務資料以圖表方式集中展示，幫助管理者快速掌握全貌。

• 資料挖掘（Data Mining）：通過機器學習、統計學和人工智慧，發掘資料中隱藏的模式與關聯性。

一、商業智慧的核心功能

商業智慧系統能從多種來源收集資料，例如：企業內部的企業資源規劃系統、客戶關係管理系統，以及外部的市場資料，以及社交媒體和公開資料庫等。接下來將不同來源的資料進行清理、轉換與整合，統一格式，便於後續分析。商業智慧系統提供多種資料分析技術，例如：

描述性分析：理解過去的業務表現，例如：營業額趨勢。
診斷性分析：了解業務問題的根本原因，例如：特定區域銷售下降。
預測性分析：通過機器學習等技術預測未來趨勢。
規範性分析：提供具體的建議，例如：最佳定價策略。

商業智慧系統通過圖表、儀表板和報告等形式，直觀地展示分析

結果，便於高層主管理解與採取行動。此外，也可以實時監控關鍵指標（KPI），例如：銷售額、庫存狀態，幫助企業快速響應市場變化。

二、商業智慧的應用領域

商業智慧的應用領域廣泛，舉凡連鎖企業各方面的管理應有盡有。利用此管理工具，可以分析顧客購買行為，評估行銷活動效果，優化廣告投放，例如：零售業通過此系統可分析熱銷產品和銷售淡季，從而調整庫存策略。

財務部主管可以監控財務健康，分析成本結構與盈利能力，尋找高成本的業務或部門。經過客戶資料分析後，可針對不同的顧客需求，推薦更合適的套餐，降低流失率。

對供應鏈管理而言，此工具可預測供應需求，減少存貨積壓。在人事管理方面，可以分析員工績效、招聘效率和員工流失原因。此工具更可以幫助管理者優化培訓計畫，提高員工的工作效率。

三、商業智慧的未來趨勢

連鎖企業在使用商業智慧技術時需重視資料品質、技術選擇與員工培訓，以確保獲得最大效益。近年來人工智慧興起，未來人工智慧與機器學習的整合，將使得商業智慧的應用更加聰明，例如：自動生成分析報告或提供預測建議。

考慮員工的可替代性，商業智慧系統將朝自助式發展，讓非技術人員能輕易使用此工具進行分析。配合上文介紹的雲端技術，此系統可以降低部署成本，並支持遠程訪問與實時分析。導入自然語言處理（NLP）技術，此系統將可讓用戶以對話形式查詢和解釋資料。

4.7 人工智慧應用

人工智慧的主要技術如機器學習、自然語言處理、電腦視覺，以及專家系統等，在連鎖事業中的應用日益廣泛，不僅提高營運效率，也為顧客提供更好的服務體驗。以下是其主要應用領域和功效：

一、客戶體驗提升

根據顧客的購買歷史、偏好和行為，透過機器學習技術提供個性化的產品推薦。也可優化行銷訊息，根據顧客資料分析，提供量身訂做的促銷訊息及折扣。人工智慧驅動的客服機器人可即時回應顧客問題，提供全年無休的服務。透過自然語言處理技術，為顧客提供語音互動，例如：店內自助點餐機。人工智慧可分析社群媒體評論、客服對話，了解顧客對品牌的情緒及反饋，從而改進服務方式與內容。

二、營運效率提升

人工智慧可分析銷售趨勢和季節性需求，準確預測庫存需求，減少庫存過剩或短缺。在物流配送中，人工智慧計算最佳配送路線，降低運輸成本並加快配送速度。根據顧客流量資料，人工智慧自動安排員工排班，確保最佳人力資源分配。結合視覺辨識技術，讓顧客快速完成點餐與付款流程，例如：自助點餐機與電子錢包。

三、行銷與業務增長

人工智慧可根據市場需求、競爭者價格及歷史銷售資料，動態調整商品價格，達到利潤最大化。也可用來分析消費者的行為資料，幫助連鎖企業在主流媒體平台進行精準廣告投放，提升廣告效益。更可以用來處理顧客資料，提供洞察報告，幫助制定更有效的行銷策略。

四、創新商業模式

因為應用人工智慧技術，許多創新的商業模式變成可能，例如上文中提及的智慧化門店管理、智慧零售店、無人商店、虛擬試穿與試戴，以及個人健康管理等。

無可諱言，人工智慧的發展將取代很多人力，這將造成對連鎖企業的衝擊，特別是在自動化、資料分析，以及顧客服務等領域。許多重複性、基礎性的工作將被人工智慧取代，例如：收銀員、庫存管理員、資料分析員等。這可能導致部分員工失業或需要轉型。採用人工智慧技術，企業的營運將更高效；反之，未能跟上的企業可能慘遭淘汰。為了迎接大規模使用人工智慧技術，連鎖企業應有自己的因應之道。

第五章 人事管理

連鎖企業裡會有兩個人事管理部門，一個對內（企業），另一個對外（門店）。以下列舉連鎖企業內部使用關於人事管理文件的名稱：
- 人事管理規則
- 總公司員工手冊
- 績效考核執行計畫
- 門店員工的教育訓練計畫
- 人力資源管理

5.1 如何做好人事管理

本章節將針對連鎖體系，提供一些關於如何做好人事管理的建議。隨著時代進步，人事管理應該跳出原來窠臼，將人力視為企業的核心資產，強調員工價值和企業目標的融合。以往人事管理通常以被動應對為主，例如：按需招人、假勤記錄、薪酬計算或解決即時問題等，而後應更加注重前瞻性策略，如人才儲備和繼任規劃等。

一、制定清晰的人事制度

貫徹標準化，建立統一的招聘、教育培訓、考核及晉升制度，並確保所有門店運作一致。設立透明的獎懲機制與清晰的績效評估標準，讓員工明白努力的方向，並用公平的方式對待員工和進行獎勵。

二、招募與培訓

建立人才資料庫，根據不同門店需求，設計靈活的招聘策略，確保緊急時刻能快速補充人力。制定完善的新人培訓計畫，成立人才梯隊，幫助員工熟悉企業文化、價值觀與營運流程，並且持續提供在職訓練。對加盟店經理提供專業管理培訓，讓他們能帶動整個團隊的成長。

三、建立高效的溝通管道

設置定期的員工與主管溝通會議，促進資訊透明化，避免管理層和基層脫節，並且暢通內部上下級和跨門店的溝通管道。提供建議和反映信箱，讓員工能自由表達意見，以增強對公司的認同感。

四、員工福利與關懷

提供具有吸引力的薪資、獎金、保險和其他福利，讓員工對公司有歸屬感。針對門店的需求與員工個人情況，設計靈活的排班制度，平衡工作與生活。為員工提供心理健康諮詢服務或時間和壓力管理課程，減少因高壓力造成的離職。

五、激勵與留任

強調以人為本和人才驅動，設計員工的職業發展路徑，鼓勵員工持續進步。定期舉辦門店聚餐或旅遊活動，增強員工的團隊合作意識。透過故事分享、年度目標會議等方式強化企業價值觀，吸引與企業理念一致的員工。鼓勵員工創業及提供表現績優者入股辦法，強調勞資全面結合，以提振員工士氣、加強忠誠和歸屬感。

六、技術支持與數位化管理

運用人力資源系統管理軟體追蹤人員出勤、績效及工時，減少手工操作的錯誤。透過資料庫或儀表板系統分析人員流動率、員工滿意度等資訊，即時優化人事管理策略。利用人工智慧工具研究員工行為，進而優化招募作業、績效考核與員工發展。

七、危機處理與法律合規

確保招聘與管理過程符合勞動法規，避免不必要的法律糾紛。如果是

國外連鎖店，更應遵守當地的法律和風俗習慣。對於可能影響員工穩定的危機（如疫情、業績下滑），提前制定應急計畫，迅速處理。

5.2 連鎖企業人事管理的特點

連鎖企業的人事管理與一般企業相比，總有些不同之處。主要體現在規模化管理、標準化營運以及跨地區協調等方面。這些差異來自連鎖企業特有的組織結構和經營模式。

一、組織結構與管理範圍

連鎖企業需要管理多個分店、跨城市或國家，甚至多個品牌，導致管理範圍更廣。因此，有時候需要設立區域或品牌管理機制，例如：區域經理或品牌經理，協調總部與分店的營運，確保統一性。一般企業的部門設置以單一業務需求為主，例如：銷售、企劃。但連鎖企業在分店中的職位需考慮「門店營運角色」（如店經理、設計師）與「總部支持角色」（如營業經理、人力資源經理）之間的配合。

二、人事政策的標準化與靈活性

一般企業的人事政策可針對公司文化和業務需求進行個性化設計。但連鎖企業為確保品牌形象一致，人事政策，例如：薪酬體系、考核標準，以及員工手冊等，都需要高度標準化，以便適用於同一品牌的所有分店，例如：統一的招聘流程、員工制服，以及培訓課程等。連鎖企業需兼顧各地市場與文化差異，對分店在政策執行上保持一定的靈活性，例如：地區性的薪資調整。

三、員工招聘與培訓

一般企業的員工招聘量較小，且針對特定職位進行。相對來說，連

鎖企業新分店開業或旺季來臨時，需短時間內招聘大量基層員工（如設計師、助理）。比較依賴標準化的招聘工具，例如：人才系統和當地招聘管道。為確保所有分店服務與營運的一致性，需提供標準化培訓，例如：操作流程、顧客服務技巧等。培訓通常針對專業技能或部門需求進行。

四、績效管理

連鎖企業因涉及分店多層級的績效管理，需同時考核門店績效（如銷售額、客戶滿意度）與個人績效（如店長管理能力）。面臨的挑戰是需要制定符合各門店實際情況的績效指標，同時保持總部標準的一致性。連鎖企業特別注重門店團隊的整體績效，而非僅考核個人表現。

五、薪酬與激勵機制

連鎖企業為維護品牌統一性，基層員工的薪酬標準需相對一致，例如：同一品牌分店的行政人員待遇相當，但因地區物價和市場差異，可能導致一定的調整空間。連鎖企業需針對分店整體績效設計激勵機制，例如：業績獎金，還可能設立「最佳門店獎」等。

六、跨地區文化與法律差異

連鎖企業因跨地區營運，需熟悉並遵守不同地區的勞動法規，例如：最低工資與加班規定。員工管理需兼顧地區文化的多樣性，例如：不同地區在消費習慣與員工工作價值觀上的差異。

5.3 總公司組織架構與職責

連鎖企業總公司的組織架構是為了有效管理多個分店、支持加盟商營運、實現整體目標而設計的。其組織架構通常具有一定的層級性和職能分工，本章節將介紹一家中型連鎖企業總公司扁平式組織架構的實際案例。

矩陣式管理對於連鎖企業來說,是一種能提高效率、促進創新的組織形式,但同時也帶來一定的管理難度。企業在選擇採用矩陣式管理時,需要綜合考慮自身的實際情況,並做好充分的準備。讀者可自行研究在連鎖企業內如何進行矩陣式管理,下文僅說明連鎖企業的傳統組織架構、職位分工與其職責。

一、高層管理層

高層管理層在企業中扮演著至關重要的角色,他們的決策和行動直接影響著整個組織的發展方向和業績。圖5.1顯示高層與中層管理層的組織結構。

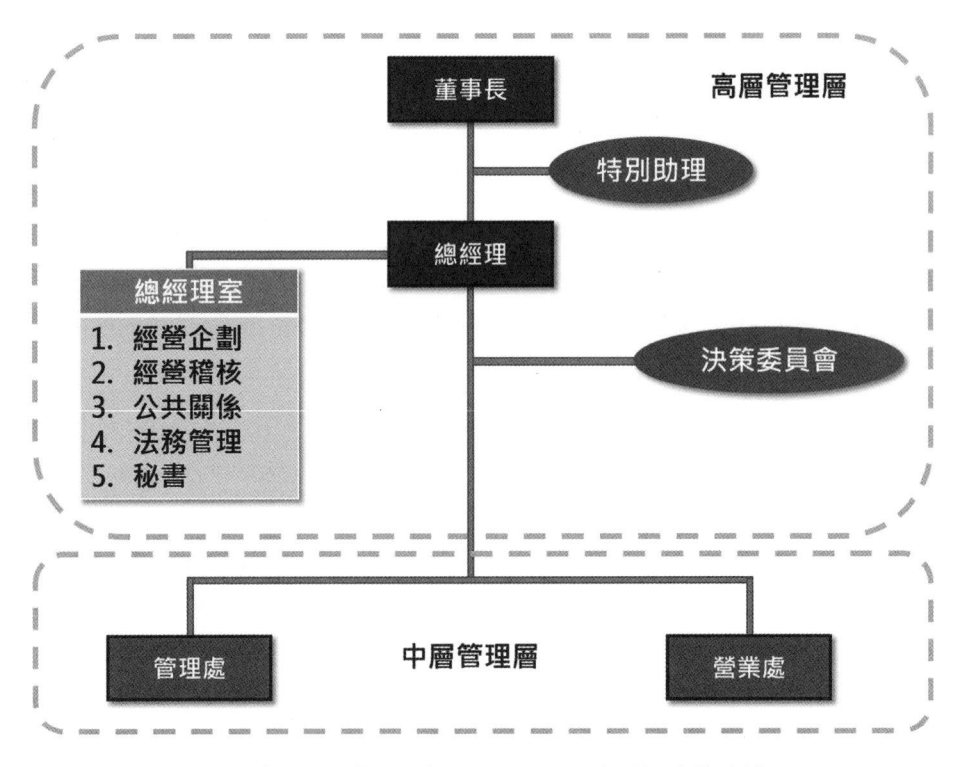

圖5.1高層與中層管理層的組織架構(範例)

人事管理 第五章

　　本案例的董事長是公司的法定代表人，負責主持董事會會議，對公司重大決策具有決定性作用。董事長特別助理的職責多樣化，且具高度機動性。主要職責包括但不限於協助董事長決策、負責董事長交辦的特殊專案、代表董事長出席會議或活動，以及安排董事長的行程，包括：會議、拜訪、差旅等。

　　連鎖企業總經理肩負著企業的整體營運績效，其職責範圍廣泛且多元，包括但不限於策略規劃與執行、組織管理、營運管理、財務管理與危機處理等。總經理室內聘有幕僚人員，協助總經理管理公司。（經營）決策管理委員會由總經理主持，成員有總經理室幕僚、高階主管、與外聘管理顧問，其功能如策略規劃與制定、重大投資與資源分配、各種政策與制度設計、風險與危機管理、技術與創新支持，以及監控與審計等。從總經理室的各項職務與其職責也可以間接了解總經理的日常工作。表5.1則用來列述總經理室各項職務與其職責。

表5.1 總經理室各項職位與其職責

職務	職責
1.經營企劃	• 規劃公司費用支出與帳務管理 • 規劃有關採購價格、倉庫、出貨管理 • 工作計畫、活動執行等規劃 • 規劃有關各加盟店人員升遷及服務技術提升 • 規劃有關各加盟店營運設備改善和升級 • 規劃有關各加盟店收益性商品
2.經營稽核	• 稽核公司費用支出與帳務管理 • 稽核有關採購價格、倉庫、出貨管理 • 稽核工作計畫、活動執行成果 • 有關各加盟店人員升遷及服務技術之稽核規劃 • 有關各加盟店現金收支之稽核規劃 • 有關各加盟店營運設備之稽核規劃 • 有關各加盟店收益性商品之稽核規劃

3.公共關係	• 公司對外公共關係之建立與促進 • 企業性廣告之統籌、運作 • 大眾媒體之聯繫、運作，彼此關係之維持促進 • 公司各相關企業形象活動統籌、宣傳 • 公司來賓招待、簡介企業體 • 籌配行銷部門有關提升企業形象之有關企劃活動 • 股東聯誼事項 • 顧客服務、客訴處理、政府、民間有關消費組織之團體關係之維持、促進 • 公司遇重大事故、危機處理委員會之籌組與召開 • 維護公司之信譽、形象及企業識別系統 • 代表公司對外發言
4.法務管理	• 各項法律事項諮詢 • 辦理有關損害本企業名譽訴訟事項 • 與公司有關之員工、加盟主、廠商、關係企業、合作企業等各項契約之擬定與審核 • 對加盟主、合作廠商或特定對象之徵信調查與報告 • 公司有關履約授權及擔保金、特許金、呆帳，以及遲延帳款等等財務之法務處理 • 設立公司有關與加盟主抵押擔保制度 • 維護企業體商標及各項權益 • 處理其他法務相關事項
5.秘書	• 處理總經理日常事物 • 總經理各項資料之整理、歸檔 • 總經理行程、對外活動安排與聯繫 • 招待總經理的訪客 • 記錄總經理召開的各項會議內容 • 有關各類經營簡報之蒐集、分類報告 • 處理其他有關總經理事物及交辦事項

人事管理 第五章

二、中層管理層

　　中層管理層在企業組織中扮演著舉足輕重的角色,他們是連接高層決策與基層執行的重要橋樑。本案例公司的中層管理層設立管理處和營業處,分別由兩位協理負責,見圖5.1。表5.2則列舉管理處和營業處的職責。

表5.2 中層管理層的職位與職責

處級單位	職　責
管理處 （協理）	• 推動公司經營策略、計畫 • 公司組織發展,人才需求之儲備、培訓 • 公司年度計畫之籌畫推動 • 各部工作計畫執行之評核、督導 • 公司年度費用預算之編列、報告 • 公司整體費用預算之控制,差異分析報告 • 公司經營管理之改善活動之規劃、推動 • 其他有關經營管理相關事項
營業處 （協理）	• 推動公司經營策略、計畫 • 本處短、中、長期營運策略之擬定與呈報 • 本處組織之發展、人才需求之儲備及培訓 • 督核年度營業各項活動計畫之規劃、推動 • 督核年度營業目標、損益計畫之規劃、推動 • 本處營運成果、效益之評估、改善、報告 • 各部門工作計畫執行之評核督導 • 年度營業費用預算之編列報告 • 費用預算之控制、差異分析之報告 • 其他有關營業經營事項

三、基層支援層（管理處部門）

　　管理處基層部門乃提供公司內部行政支援和門店後勤保障,圖5.2用來顯示管理處部門所屬部門的組織架構,表5.3則列舉相關部門的分工和職

責。在以美髮為主的連鎖企業內,成立「美容部」是多元化發展與滿足市場需求的重要策略。

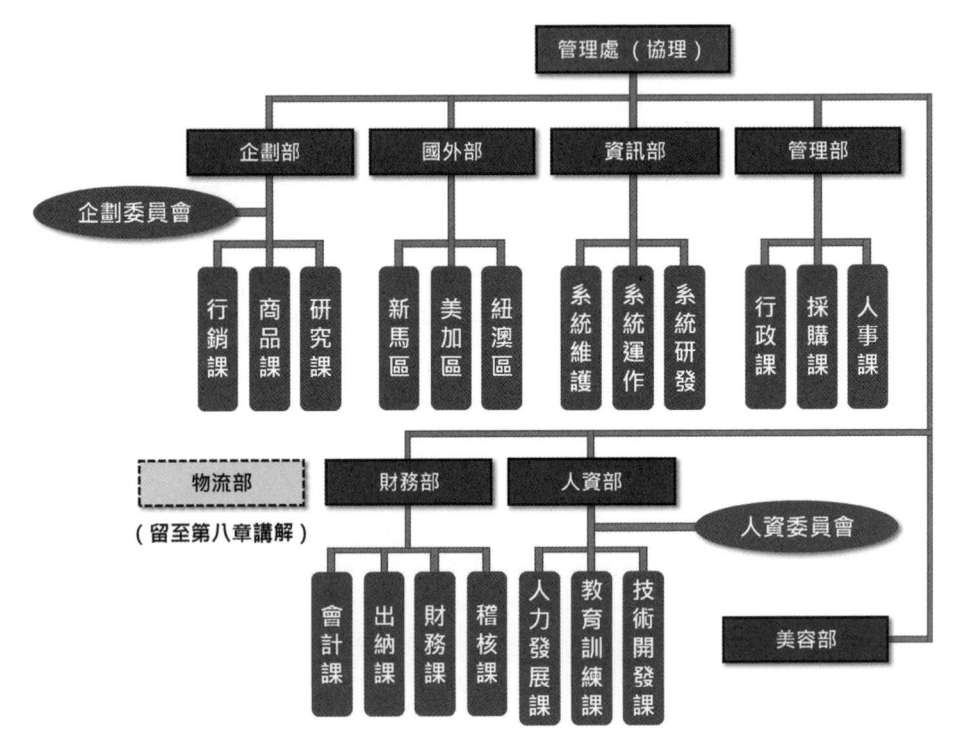

圖5.2 基層支援層(管理處部門)的組織架構

表5.3 基層支援層(管理處部門)的職責

部級單位	課級單位	職 責
企劃部	行銷課	• 年度廣告預算之編製、應用 • 年度廣告、宣傳、促銷活動及企業形象之企劃及推廣 • 指導有關店頭製作物之設計規劃及店頭布置 • 製作廣告文案、美工作業 • 消費者組織之企劃案 • 授權者組織之企劃案

國外部		• 刊物之編纂發行
• 督核廣告企劃外包之評估、報告及承包廠商作業
• 授權店地區性促銷規劃之指導與審核
• 其他企業體專案聯合促銷或店內託售之規劃、推動
• 辦理各項行銷活動
	商品課	• 競爭廠商同類商品價位以及促銷等市場情報之蒐集、分析
• 召開定期商品會議
• 廣告看板（燈飾、壁面等）、收益性商品之廠商聯繫
• 滯銷品、報廢品處置建議之報告與執行
• 授權店內各項商品（含服務性）營業分析、評估選換
• 其他有關商品（含服務性）開發之處理事項
	研究課	• 店頭服務技術、產品組合策略之研究、報告
• 自有品牌、女性市場產品類別之評估與發展
• 有關企業搭配系列產品製造代工（OEM）之合作開發
• 國內消費型態、趨勢之研究、分析報告
• 其他產業（結婚市場、美容市場、造型設計、男性美髮、美容）之開發、分析報告
• 其他有關專案研究之處理事宜
	企劃委員會	• 委員會組織之籌組（企劃部、外聘市場顧問）
• 委員會定期之召開、問題之溝通、協調
• 研議新商品、新技術或新的商業模式
• 探索新的顧客需求與潛在的顧客群
• 擬定行銷策略報告
國外部		• 推動連鎖經營國際化
• 當地優良企業之篩選、評估、及合作事項之處理
• 當地政經、法規、消費文化、人文背景之分析，當地設店可行性之分析
• 連鎖經營專業知識技術之移轉，修正之處理事項
• 合作企業特許費及其他權利義務契約之訂定處理事項
• 其他有關連鎖經營之處理事項

資訊部	系統維護	• 日常系統管理 • 現行系統功能之維護 • 系統文件維護與管理 • 機器運作與維護 • 歷史資料保存與管理 • 系統與資訊安全管理
	系統運作	• 建立與管理基本資料 • 資料更新作業處理 • 資料諮詢之提供 • 各類報表之列印與提供
	系統研發	• 擬定系統規劃作業程序 • 系統可行性分析 • 訂定整體專案計畫 • 系統設計、繕寫、修改
管理部	行政課	• 公司及授權店財產之編製與管理 • 公司及授權店財產保養、管理維護 • 公司對內、外發文、信件收發與管理 • 管理公司文件、資料檔案 • 處理公司對授權主發文公告 • 公司門禁、水電安全 • 公司環境清潔維護 • 協助公司福利制度推行 • 管理公司總機、話術禮儀 • 協助處理各授權店大、小聯誼活動 • 管理總公司車輛之出車及維修 • 其他有關總務事項
	採購課	• 總公司庶務品之採購管理事宜 • 授權店有關企業識別系統設計之紙杯及製作物、制服等之採購事宜 • 總公司資產設備之採購事項

人事管理 第五章

		• 各授權店美髮（容）耗材之採購事宜 • 使用（有關）單位驗收之處理事項 • 廠商資料、交易條件有關文件之編號及建檔 • 採購過程詢價、比價、議價之處理事宜 • 適時、適值、適量之採購事宜 • 其他有關採購管理事項
	人事課	• 擬定有關人事制度規章（任用、出勤、獎懲、考核） • 建立並維護公司人員應徵及人事資料 • 管理公司人員出勤狀況 • 承辦公司勞保作業 • 承辦總公司人員獎懲、考核、升遷 • 總公司人員薪資之核算 • 全公司人員檔案資料建檔、更新、刪除 • 承辦公司現職人員保證作業 • 公司人員執掌之說明 • 公司人員各項福利制度之統籌、推行 • 授權總部人員及店主管教育規劃與執行 • 頒發職員／各級技術人員升遷之發布及證書 • 其他相關之人事處理交辦事項
財務部	會計課	• 審核公司及授權店原始憑證 • 開立公司及各授權店會計傳票 • 處理授權店往來帳務 • 審核授權店現金收支、表單、憑證 • 處理授權店每月結算及往來現金、撥付發票 • 授權店主對帳務疑問之答詢與處理 • 處理授權店主零用金往來帳核發、對帳、沖帳 • 處理往來帳核發、對帳、沖帳 • 編製公司及各授權店每日結算報表 • 有關會計文件之檔案管理 • 辦理年度結算申報之相關事件

159

		• 會計制度之建立及改進事項研討 • 其他有關會計事務之處理
	出納課	• 總公司現金、票據及銀行存款之保管出納及記錄事項 • 各種票據之簽收及管理 • 財務費用之計算收付事項 • 發放人員薪資 • 各項稅款及代扣稅款之繳交 • 總公司零用金之核付及保管事項 • 處理廠商應付票據聯繫、支付 • 辦理其他與現金出納相關事項
	財務課	• 公司現金之籌畫、調度與運用之相關業務處理 • 現金預算及短期預測之編製、控制 • 公司及各授權店現金流量之差異製作及分析 • 有關銀行業務之洽商聯絡 • 訂定公司預算制度 • 公司及各授權店預算與費用差異分析與呈報 • 有關稅法之研討建議改進事項 • 公司及各授權店有關之財務報表編製 • 協助指導各授權店財務會計作業 • 其他有關財務管理之處理事項
	稽核課	• 稽核財務相關事項 • 制定稽核作業計畫 • 總公司及營業單位之現金流程作業督導及稽核 • 稽核授權店帳冊、銷管費用 • 稽核授權加盟店商品盤點 • 授權加盟店人員數與薪資之盤點稽核 • 其他有關財務稽核之處理事項
人資部	人力 發展課	• 店頭未來營運狀況所需人才之瞭解、計畫與評估 • 各授權主技術職及店頭會計人力需求之徵詢、彙總招募、甄選

人事管理 第五章

人資部	人力發展課	• 各授權店各級人員人事資料之彙整及提供人事單位建檔 • 相關就業市場狀況之瞭解、掌握 • 有關學校之建教合作及平日公關（獎學金、獎助金等）促進之辦理 • 學員徵才之籌畫與推動 • 職訓中心、求才中心之聯繫、甄募 • 上項應徵人員之面試、篩選、分派 • 上項應徵人員食、宿、交通安排 • 有關招募、甄選、費用預算之編製與報告 • 學校學生、學生家長參觀安排門店之處理事項 • 其他有關人力開發之處理事項
	教育訓練課	• 制訂年度教育訓練計畫、編製預算（授權店主管及總部教育除外） • 有關授權主與教育訓練內容、時數、費用收取之規劃 • 上述成員教育訓練課程內容、時數、師資、日期、地點之安排 • 教育訓練計畫事項之職行、成果評估 • 授權店技術職人員升級之資格評審，技術考核規劃推動 • 授權店員工之教育訓練及考核輔以升等計畫 • 內部師資之養成與訓練 • 考察研習團之辦理 • 訓練教材之編纂、保存與管理 • 配合研發部門或技術開發部門有關教材、課程之更新與補充 • 配合營業單位執行展店計畫之展店教育訓練事宜 • 配合營業單位有關專案教育訓練之事宜 • 辦理其他教育訓練專案活動
	技術開發課	• 整合各店優秀設計師及國際標榜共同開發美髮造型設計、操作方式之研究與創新 • 國內外美髮、美容最新流行資訊的蒐集與瞭解

		• 定期（半年）新技術器具、器材的引進（配合發表會）
• 召開國外知名廠商或社團技術之發表會、說明會
• 依季節別、年齡別、職業別定期推出適合國人之造型設計
• 提供政要、影歌星或知名人士特殊造型設計
• 提供國內知名外商、企業整體公司職員造型設計
• 配合其他企業對外發表（展示）會之髮型設計事宜
• 其他有關技術開發之處理事項
	人資委員會	• 委員會組織之籌組（營業部、各連鎖授權店代表）
• 委員會定期之召開、問題之溝通、協調
• 各連鎖授權店人力需求之處理事項
• 其他有關人資部執行之監督與考核
美容部		• 提供專業美容服務的技術指導
• 推廣美容產品與服務
• 服務流程制定
• 定期檢查服務品質
• 配合美髮業務發展

圖5.2之基層組織架構中區分出人事課和人資部（人力資源部），那是因為兩個部門在營運模式、管理層級和具體實施方面存在顯著差異。兩個部門分別負責總部與門店人事管理的職責，工作流程和業務焦點不同，因此劃分出兩個不同部門。雖然兩個部門獨立，但業務上仍有關聯，需要互相協作。

四、基層支援層（營業處部門）

營業處基層部門的工作主要包括：第一營業部的展店業務與店務管理，以及第二營業部的加盟業務與店務管理。圖5.3用來顯示營業處部門所屬部門的組織架構，表5.4則列舉相關部門的分工和職責。第一營業部以地區細分下屬課級單位，而第二營業部以連鎖經營型態下分課級單位。兩部的

課級單位除了「店務管理課」以外,本章節統稱為「展店課」。此架構適合單一品牌,如為多品牌管理,則需提高營業處等級,另設立總經理管轄。

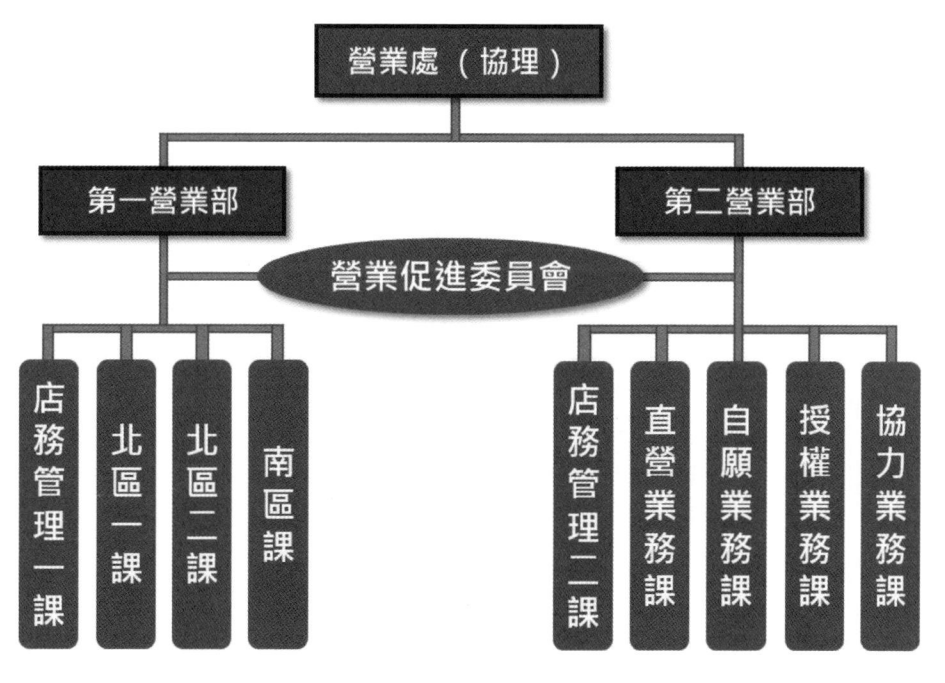

圖5.3 基層支援層(營業處部門)的組織架構

表5.4 基層支援層(營業處部門)的職位與職責

部級單位	課級單位	職責
營業部		• 年度營業各項活動之推動、評估 • 推動年度營業部門費用預算之控制與差異管理及損益目標 • 部門費用預算之控制與差異管理 • 公司有關指示與管理事項之發布與聯繫 • 授權店人員服務技術、流程之指導與稽核 • 有關公司促銷活動、店頭布置之指導、推動 • 授權店人員設備商品調撥、支援之處理事宜 • 授權店地區性促銷專案之評審與呈報

營業部		• 授權店評估分級後之教育，強化開店之處理事宜 • 定期店頭巡訪與問題點彙集、反應及處理 • 召開定期授權主、營業會議 • 競爭同業及市場資訊之蒐集、分析 • 有關授權店履行契約義務之稽查與呈報處理 • 客訴抱怨之處理事項 • 其他有關營業管理事項
	店務 管理課	• 各店之店務管理相關事項 • 各店商圈公關活動之督核與指導 • 店頭員工守則之製作、推動、稽核 • 服務技術、技巧之管理與稽核 • 客戶資料建檔之稽核管理 • 配合行銷課之行銷、促銷相關活動 • 營業報告、統計分析 • 店頭績效之評估與改進督導 • 公司營業目標之執行、分析與報告 • 服務項目別貢獻之統計、分析與報告 • 商品別貢獻之統計、分析報告 • 其他有關店務管理交辦之事項
	展店課	• 商圈之規劃與評估分析報告 • 開店計畫來源（區域、店數、時間）之籌畫、推動 • 授權店地點的開發與呈報 • 擬定競爭廠商開店情報之蒐集及應對策略 • 商圈地點選擇、開店制度之建立及教授 • 開店裝潢施工之協助處理事項 • 新展店有關教育訓練作業規劃與推動 • 定期（每季）展店發表會之規劃與推動 • 展店評審作業之規劃與推動 • 展店裝潢設計發包、監工、驗收之處理事宜 • 其他有關展店事項

部門	內容
營業促進委員會	• 委員會之籌組（各區授權店代表） • 委員會定期召開、問題溝通、協調 • 問題授權店經營改善及停業之仲裁 • 定期授權店代表選舉與推派 • 總公司經營改善活動溝通及協助推動 • 其他有關糾紛之溝通與仲裁事項 • 其他有關經營改善之建議

5.4 部門運作問題點及解決辦法

本章節將列舉連鎖企業總公司在營運時可能面臨的問題。表5.5先提供各部門解決辦法的改善方針，以便指明其改善方向。表5.6則是一些部門常見的問題及其解決辦法。如果從整體的角度來看，連鎖企業常見的問題有：

1. 總公司與門市之間的溝通不良
2. 商品與服務的品質標準化意見不一致
3. 庫存與物流管理出現狀況
4. 市場變化的應對能力不足
5. 品牌統一性與門市個性化之間難以平衡

表5.5 各部門解決辦法的改善方針

部門	改善方針
管理處	總體的、前瞻性的、創新的
營業處	增量的、品質的、績效的
人資部	前瞻性的、重點的、有規劃的
企劃部	實際的、創意的、敏銳的
財務部	標準化的、預算的、可稽核的
行政課	服務的、效率的、積極的

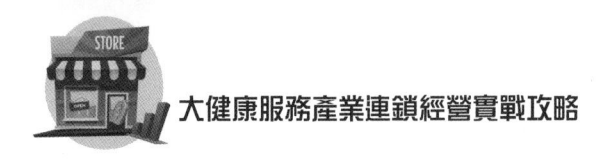

表5.6 一些部門常見的問題及其解決辦法

部門	問題點	解決辦法
管理處	• 總部運作不順暢 • 組織系統、工作執掌不明確 • 公司與店的定位不明確（權利與義務） • 加盟管理規章不周全及執行力不夠徹底 • 部門責任擔當不足，本位主義及縱向聯繫協調性差 • 總部的教育訓練不足 • 部門定位不清 • 人治多於法治 • 法務工作不落實 • 公關沒有整體規劃 • 危機意識不足 • 缺乏整體經營活動 • 整體資訊系統不健全 • 缺乏中長期規劃及前瞻性的策略 • 與各部門及各關係企業運作定位不明確 • 決策和決定事項執行力不夠徹底 • 對市場大環境變化的敏感度不夠 • 人員向心力和認同感不足 • 普遍對店務瞭解不夠 • 對整體連鎖的運作和認識未臻成熟	• 企業識別系統嚴格執行 • 完善組織運作體系 • 連鎖體系套裝法 • 國際化進行評估與調查 • 二代店執行制度化 • 中長期計畫展開 • 一代店整合 • 連鎖體系結合法務運作 • 決策集權、管理分權 • 展開全面形象公關
營業處	• 對一代店沒有控制力和約束力 • 對一代店的執行力薄弱 • 對一代店的溝通、協調融合力不足 • 對一代店主管的參與力不足 • 一代店向心力、信賴度、忠誠度差 • 對一代店主管、員工的需求掌握不夠 • 營業處的管理功能未發揮	• 二代店的落實與推動 • 展店系統制度化、團隊化 • 定期舉辦展店說明會 • 加速一代店導入二代店 • 各店定期評估 • 開展救店、遷店、關店行動 • 鼓勵老員工回流開店

人事管理 第五章

	• 對一代店的業務推展、策略行動不夠積極 • 對加盟店未有定期評估及改善 • 對市場商圈變化及轉型掌握度不足 • 對消費者需求和服務流程的配合度未即時修正 • 新產品和新服務項目的推展缺乏 • 展店計畫、整體規劃執行尚嫌不足 • 對加盟店的費用預算、成本、利潤重視度不夠 • 總部營業幕僚素質不夠、人力不足 • 對同業的瞭解度不夠深入 • 同業公關不足	• 同業併店評估與展開 • 加速培養展店人才 • 區域營業功能的發揮與展開 • 每月營業重點推動計畫展開 • 目標和計畫作業的推動與實施 • 全面提升各店業績 • 全面服務品質提升、顧客滿意度的提高 • 創業種子隊之建立與推動 • 優良店選拔與獎勵
人資部	• 職責與定位不清 • 未做到流失人力的回收 • 缺乏技術開發工作 • 建教、方向不夠明確 • 缺乏人員供需主控權 • 費用預算、成本觀念缺乏 • 未善用協力單位及技術轉換工作 • 教學系統跟不上潮流趨勢 • 未善用店頭資深人力 • 教育訓練劃分不明確（店頭、總部） • 教育訓練整體規劃力不足 • 未建立整套的建教合作制度 • 專業知識和素養尚不足	• 人力資源供需規劃 • 建立建教合作模式 • 提供店頭教育訓練方案及督導實施 • 建立技術鑑定模式、定期督導實施 • 加強展店訓練 • 建立人力提供收費標準及推動 • 基層人員流動回收計畫推動 • 建立基層人員資料庫 • 強化非技術與技術訓練的整體規劃與執行 • 名師座談全面推動
企劃部	• 形象公關廣告缺乏 • 對消費者的整體性活動不夠 • 廣告未有系統化預算、規劃和執行 • 企劃、人力之充實和培養	• 專業技術資訊及新技術的引進 • 技術競賽與推動 • 整體性規劃與執行 （1）促銷活動

	• 企劃工作定位太偏狹 • 對店頭現場運作不夠深入瞭解 • 對消費者、同業及市場訊息瞭解不足 • 廣告的連續性及累積效果不夠	（2）行銷策略 （3）宣傳策略 • 服務性商品的創造與推動（企業識別系統、顧客資料等） • 定期市場調查（消費者、競爭者、企業本身） • 周邊供應廠商資源整合 • 店賣商品的開發與引進 • 建立消費者資料庫
財務部	• 預算和責任利潤中心不明確 • 對加盟店沒有財務主控權 • 資金流量和運作沒有計畫 • 缺乏未來財務主管人選 • 部門人員積極度不足 • 財務人員專業教育不夠 • 缺乏對加盟店財務稽核 • 財務部門未轉換資料或為資訊主動出擊 • 費用收支權責劃分和稽核不明確 • 加盟店財會制度未建立（各自為政） • 加盟店會計人員沒有訓練 • 整體財會制度尚未完全建立和有效運作	• 新公司籌組成立、走向大眾化 • 預算費用規劃控制和執行 • 稽核制度的建立與執行 • 單店投資模式導入 • 單店會計作業標準化 • 主導式的財務運作推動 • 創業貸款專案推動 • 連鎖店四大類型（RC、FC、VC、SC）財務運作定位定案 • 財務走向經營管理分析判斷，供決策參考 • 店頭會計素質提升 • 整體有效運作財務資金，增加收益 • 不定期各店財務診斷 • 資金流量的預算運作 • 加強財務人力培訓
行政課	• 人事制度不健全（升遷考核、員工職業生涯規劃，以及請休假作業等等） • 行政管理制度缺乏 • 採購系統不健全 • 執行力及主動出擊力弱	• 加強費用審核標準的建立與推動 • 嚴格執行企業識別製作物統一 • 行政分層授權系統建立與推動 • 公文與檔案管理系統的建立與推動 • 各店原材料用品、設備統一採購執行

人事管理 第五章

• 缺乏整體性規劃 • 對各店人事資料未建立運作的系統 • 資產管理未系統化建立 • 授權系統不明確 • 公文系統執行不徹底 • 檔案管理未系統化建立 • 對加盟店的服務定位不明確 • 專業素養不足	• 資產管理的推動與執行 • 強化安全管理事項（總部、各店）

　　上述之一代店是直接與品牌總部簽訂加盟合約的首批門店，通常為當地的核心或主力加盟商。二代店則是由一代店發展或推薦的加盟店，與品牌總部僅是間接關係，更多依賴於一代店提供資源和支持。此外，總經理室的幕僚人員需秉持品格的、知識的，與人性的發展方針，從管理的制高點進行人力資源規劃，以協助人事課解決問題，工作項目如下：

- 認識企業文化和市場定位（對象：各店設計師以上、總部人事）
- 總部強化教育訓練
- 店主管教育豐富化
- 建立各店設計師與店主管人事資料庫
- 建立（上述各項的）教育訓練規劃預算制度
- 落實人事管理制度的執行
- 總部員工職業生涯規劃展開
- 建立輪調制度
- 福利、保險制度的規劃與推動

5.5 總公司職務分類

　　總公司管理部按組織系統的需要，偕同各部門主管、幕僚人員建立部門別、單位別執掌與人員編制，經由經營決策委員會確認。職位區分職

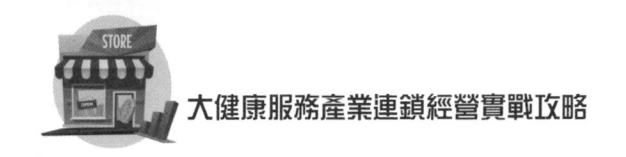

等，並按人員編制賦予不同的職等，每一職等並細分成若干職級。職位分類與敘薪相關聯，如表5.7所示。

表5.7 職務分類及薪資分類表

職等	職位	職務	資歷	底薪	職務津貼	級數	級距	最低薪點	最高薪點
一	總管理/技術師	董事長	1.同業多年經驗 2.具統籌及前瞻性眼光						
二	正管理/技術師	總經理	1.大型企業總經理級以上七年經驗 2.同業經驗十年以上 3.能力特殊，足以勝任者 4.前一職等符合升等者						
三	管理/技術師一等	副總經理 處長 特別助理	1.中型以上企業經理級3年經驗 2.同業經驗七年以上 3.能力特殊，足以勝任者 4.前一職等符合升等者						
四	管理/技術師二等	經理（A） 高級專員	1.中小型企業具經理級經驗 2.同業經驗五年以上 3.能力特殊，足以勝任者 4.前一職等符合升等者						
五	管理/技術師三等	經理（B） 副理（A） 一級專員	1.碩士至少兩年經驗 2.大學畢五年以上經驗 3.能力特殊，足以勝任者 4.前一職等符合升等者						
六	副管理/技術師	副理（B） 課長（A） 二級專員	1.碩士畢具經驗 2.大學畢四年以上經驗 3.專科六年以上經驗 4.前一職等符合升等者						

人事管理 第五章

職等							
七	助理管理/技術師	課長（B） 副課長（A） 三級專員	1.大學畢三年以上經驗 2.專科畢五年以上經驗 3.高中畢八年以上經驗 4.前一職等符合升等者				
八	管理/技術員	副課長（B） 組長（A） 三級專員	1.大學畢三年以上經驗 2.專科畢四年以上經驗 3.高中畢四年以上經驗 4.前一職等符合升等者				
九	副管理/技術員	組長（B） 副組長（A） 四級專員	1.大學畢 2.專科畢兩年以上經驗 3.高中畢四年以上經驗 4.前一職等符合升等者				
十	助理員	副組長（B） 辦事員	1.專科畢 2.高中畢兩年以上經驗				
十一	實習員	兼職人員	國小高中工讀生				

職位與職務對照表是一份系統化的文件，在企業管理中扮演著重要角色，表5.8是一個真實案例，列出了每個職位對應的主要職務。

表5.8 職位與職務對照表範例

職等	職務	職務			
		直線單位	幕僚單位	店務單位	行政單位
一	總技術師/管理師				
二	正技術師/管理師	董事長			
三	技術師/管理師 一等	總經理			
四	技術師/管理師 二等	處長	特別助理		
五	技術師/管理師 三等	經理	高級專員		

六	副技術師/管理師	副理	一級專員		
七	助理技術師/管理師	課長	二級專員 主任秘書		
八	技術員/管理員助理	副課長	三級專員 秘書		
九	技術員/管理員	組長	四級專員 助理秘書		
十	助理員	副組長	五級專員	店副理 店經理	
十一	實習員			行政員 主任	會計、倉管、司機、工讀生 兼職人員

在連鎖企業中總公司與門店之間，職務對應通常是為了確保總公司與門店之間在管理和營運上能有效協調，並保持品牌的一致性和運作的效率。表5.9是總公司與門店職位對應的系統表。這種對應的好處是有助於明確雙方的角色分工，便於協調。總公司可以通過對應職務傳遞統一的管理要求和品牌標準。職務對應為門店員工提供了明確的職業晉升通道。

表5.9 總公司與門店職位職務對應系統表

職等	職位		總公司職務	門店職務
一	總	技術師	董事長	
		管理師		
二	正	技術師	總經理	
		管理師		
三	一等	技術師	副總經理 協理（A）	
		管理師		

四	二等	技術師	協理（B）	處經理（A）
		管理師	經理（A）	
			一級專員	
五	三等	技術師	經理（B）	處經理（B）
		管理師	一級專員	
六	副	技術師	經理（C）	區經理（A）
		管理師	副理（A）	區經理（B）
			二級專員	
七	助理	技術師	副理（B）	店經理（A）
		管理師	三級專員	
八		技術員	副理（C）	店經理（B）
		管理員	課長（A）	店經理（C）
			四級專員	
九	助理	技術員	課長（B）	店經理（D）
		管理員	副課長（A）	店副理（A）
			五級專員	
十		助理員	副課長（B）	店副理（B）
			組長	店主任
十一		實習員	辦事員	行政會計
			兼職人員	

5.6 總公司所需會議

連鎖企業總公司會議的形式通常根據會議目的和參與對象而有所不同。常見的會議形式如：實體會議、線上會議、混合會議（結合實體和線上），以及工作坊（Workshop）等。會議的目的有：決策規劃、市場或營運分析、工作進度報告、教育訓練、門市管理、創新與研發，以及年會等。表5.10是依據時間劃分的各種會議種類實例。

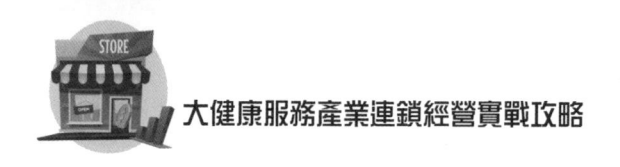

表5.10 依據時間劃分的各種會議種類實例

週期	會議名稱	目的（內容）	參加人員	主席	時間	地點
每月	月會	1.行政事務布達 2.員工福利事項建議及布達	全公司人員	部主管	月底	
每週1～2次	早會	1.行政事項布達 2.部門行政運作溝通與協調	全公司人員	部主管		
每週	行政會議	1.各部門工作報告、本週工作重點及上週工作追蹤 2.各部門工作協調及配合事項	全公司人員	部主管		
每季1次	公司教育訓練	專題演講及訓練活動	全公司人員	部主管	半天～1天	
每2個月	經營（業務）會議	1.公司經營活動或行政規定布達 2.各業務委員報告 3.各店營業狀況報告、檢討、改進或建議	1.公司各單位主管 2.各店主管 3.各業務委員	公司高階主管（營業部主管）	半年	
年度	年度計畫檢討會（年底經營會議合併）	1～3.同經營會議 4.公司及各店下半年度營業及績效目標之擬定 5.公司年度經營計畫之頒布	公司高階主管（營業部主管）	公司高階主管（營業部主管）	11月	
年度	店主管教育訓練	專題演講及其他訓練		人事單位		

5.7 門店組織管理

　　連鎖店和加盟店的組織架構設計通常由企業總部的核心管理部門負責，根據經營模式的差異進行設計。加盟店的組織架構既要滿足總部的品牌要求，又需考慮加盟商的自主經營需求，因此會更加靈活。圖5.4是連鎖

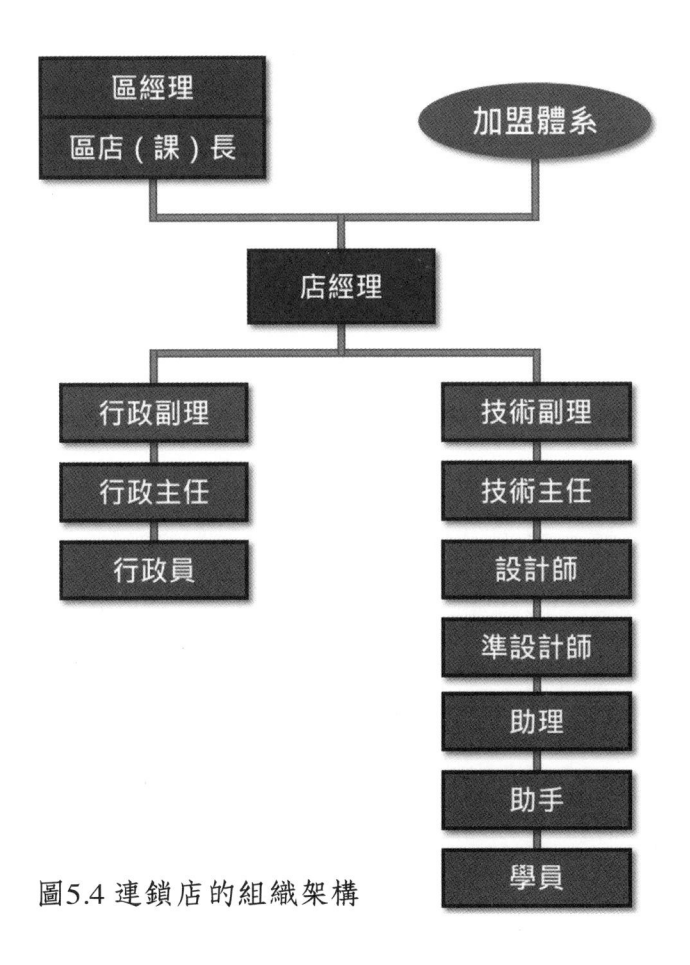

圖5.4 連鎖店的組織架構

店的組織架構範例。如果由下而上晉升，則也可視同門市部人員的職業生涯規劃圖。

　　經公司審核為優良門店員工，如達到晉升的時間要求，同時符合晉升條件，即可依照員工獎勵辦法予以升職。例如：主任升店副理需考核六個月，並符合下列條件：
- 店務管理卓著
- 主管級訓練完整
- 考核符合升等

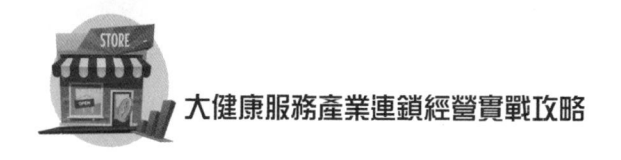

- 業績成長率達50％

主任級以上各職等人員有關管理及技術須經總公司人資部甄試或受訓,合格方可正式派任。門店各員工依據職務、職等和學經歷敘薪。表5.11顯示門店行政及管理人員的資格條件,此資格條件與薪資有關。

表5.11 門店行政及管理人員的資格條件

類別	職務	資格條件
技術	經理	• 美容院店務管理有兩年以上經驗者 • 具產品知識領先技術 • 溝通及銷售技巧優越 • 能編纂課程,十節課以上
	副理	• 超過百萬業績的經驗,具專屬技能 • 主管經驗一年,瞭解部門的運作與搭配 • 整體美概念敏銳,熟悉各名師的生意手法 • 上十節課以上,有二十節課實力
	主任	• 具教導技術水準 • 二十萬業績經驗,或竄升十五萬實力 • 瞭解基層技術盲點,獨特課程十節 • 六節課以上
	技術員	• 具準設計師技術水準 • 情緒穩定,思想健康
行政	經理	• 美容院店務管理有兩年以上經驗 • 對員工及客戶具優越公關能力 • 技術具一定水準者,銷售能力靈活 • 能編纂課程十節課以上 • 具促銷活動策劃力

行政	副理	• 具師傅經驗至少兩年，主管經驗一年 • 破百萬業績紀錄二至三次 • 熟悉技術、行政工作 • 單位生產力400點以上，促銷戰法熟悉 • 十節課以上
	主任	• 具助理一級以上實力 • 晨跑、早會流程，具帶動能力，促銷戰法熟悉 • 門店財務及雜支管理 • 教學能力、觀摩品味、市調能力、流行掌握 • 具編寫工作日誌、計畫，以及心得報告能力 • 十節課以上
	行政員	• 基層遴選 • 瞭解高中課程

5.8 門店招募員工

連鎖店在招募新員工時，需要特別關注以下三個方面，以確保招募到合適的人才並促進門店的穩定營運：

・**文化契合度**：評估候選人是否認同連鎖品牌的企業文化和價值觀。

・**多元化招募管道**：透過多種管道（如求職網站、社交媒體、內部推薦、與學校合作等）吸引不同背景的求職者。

・**客戶服務精神**：由於連鎖店多數為服務型行業，需特別重視應聘者是否具有服務熱忱和積極態度。

一、加盟店情況

加盟店招聘新員工是否需要透過總公司，通常取決於連鎖品牌與加盟

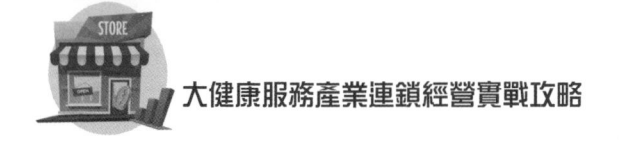

店之間的合作模式以及加盟合約的規定，以下分兩種情況說明：

（一）總公司參與招聘

某些連鎖品牌要求加盟店在招聘新員工時需經由總公司協助或審核，主要是為了確保員工符合品牌標準和服務品質。總公司可能維持統一的招聘流程、推派人員，並負責集中教育訓練。此種方式的優勢是確保品牌的一致性和專業性，並可減輕加盟店自行招募的負擔，特別是對於缺乏人力資源經驗的加盟店。

（二）加盟店自行招聘

此種方式下，加盟店具有更大的自主權，可以自行進行招聘，而無需總公司直接參與。總公司提供員工任職要求或招聘範本，然後由加盟店自行招募員工，總公司只需定期審核即可。加盟店因此可以更靈活地根據本地需求與預算招募員工。優點是更快地適應區域性的人才市場，或是滿足門店的即時需求。

二、直營店情況

直營店招募新員工時是否需要上報總公司處理，通常取決於公司的內部政策和管理結構，以下分兩種情況說明：

（一）總公司要求報備

對於一些大型企業或連鎖品牌，總公司會要求直營店在招聘新員工時進行報備或審批，尤其是涉及關鍵職位或高層管理人員時。上報方式如提交招聘計畫或職位需求清單給總公司人力資源部門，或是總公司審核候選人資料或提供篩選指導。

（二）直營店自行招聘

在一些情況下，直營店享有較高的自主權，可以在不必報告總公司的情況下進行招聘。一般都是招聘普通員工職位，例如：行政員、助理等基層職位。即使直營店可以自主進行招聘，通常也需定期向總公司匯報招聘情況，包括新員工的基本資料和職務。

人事管理 第五章

三、招聘表單

表5.12是開店人員招聘時，用人單位需要填寫的表單，從中可以看出人員招聘的作業程序。

表5.12 人員招聘表單

工作項次	受理單位	所需時間	承辦單位	承辦人	交件日期	應完成日期	跟催	實際完成日期
1.用人申請案申准								
2.人事廣告內容設計								
3.訂購媒體								
4.媒體刊出								
5.面試								
6.錄用核定								
7.錄用通知								
8.報到								
9.繳交有關資料								
10.保證作業								
11.訓練課程								
12.訓練驗收								
13.分派作業								
本單跟催者：				開幕日期：				

5.9 教育訓練

教育訓練不僅是提升員工技能的手段，也是連鎖企業維持品牌價值、提升競爭力和促進長期發展的重要策略。通過持續且有系統的教育訓練，連鎖企業能在多變的市場中保持一致性、創新性和卓越的營運能力。

幾乎很多行業對員工的教育訓練都與晉升有關，更是員工職業生涯的重要部分。本章節雖以美髮美容業為例，講述一套完整的教育訓練，但其中的道理卻可以為各行各業所依循。比方說，醫生的養成必需經過實習醫生、住院醫生，以及主治醫生等階段。

美髮美容業是以「人」為主體的服務業，「人」（顧客）是業者的獲利來源，「人」（技術人員）也是業者最主要的創收者。因此，人力資源的管理對美髮美容業經營而言尤其重要，所以做好下列人事管理的四個面向，幾乎就可立於不敗之地了。

招才：優渥的待遇服務
用才：公正的考核標準
育才：完整的教育訓練
留才：通暢的升遷管道

一、開店階段的課程表

表5.13是開店集訓課程需求表。在開幕初期，連鎖店可利用此表要求總部提供員工訓練以確保新店順利營運。開幕初期訓練的特點在於針對連鎖店的實際需求，例如：區域市場特性、員工素質差異等，制定個性化訓練計畫。新店開幕初期的訓練應以實操為主，模擬實際營運環境，快速讓員工進入狀況。然而，總公司也有常規的教育訓練計畫，表5.14提供了某家企業常規開店人員訓練的課程實例。上述兩種訓練課程可以互相配合，以避免重複。配合方式如錯開時間、內容設計互補，以及依據反饋意見進行調整和補強。

表5.13 開店集訓課程需求表

課程	特別加強	按一般方式	省略
公司理念、沿革、文化			
歌曲教唱			
產品知識			

人事管理 第五章

毛髮知識				
技術操作手法、速度、亮度、姿勢				
基本口語訓練				
心理建設				
微笑訓練				
口才訓練				
推銷技巧				
讚美訓練				
人際關係				
體能訓練				

1.請針對自店實際需求打V。
2.本表填妥送交教育訓練部，以編排集訓課程。
3.有其他需求課程，請於空白欄自行填上。

表5.14 常規開店人員訓練

工作項次	受理單位	所需時間	承辦單位	承辦人	交件日期	應完成日期	跟催	實際完成日期
1.公司簡介								
2.公司福利、薪資制度								
3.公司未來發展								
4.公司規章								
5.商品說明								
6.按摩等特色訓練								
7.服務流程訓練								
8.關懷語、口語訓練								
9.時間訓練								
10.開幕活動內容說明								
11.商品進出程序訓練								

12.錢財管理訓練							
13.顧客對應訓練							
14.安全防竊盜訓練							
15.收銀機操作訓練							
16.清潔、衛生流程規定							
17.住宿管理							
18.驗收進度、公布日期							
19.顧客消費習慣介紹							
本單跟催者：				開幕日期：			

二、教育訓練計畫的訂定與執行

一般而言，連鎖企業長期教育訓練的主要作用有：教導員工標準化服務與作業流程、提升員工的工作能力與效率、促進企業文化的傳遞、降低管理成本與風險、支持新據點快速落地，以及適應市場變化與創新等。

就美髮美容業而言，教育訓練實施的對象包括所有店內的從業人員，含股東、主管、設計師、基層人員（包括：準設計師、助理、助手、學員）、行政人員等。訓練的種類則可依類別分為技術訓練、非技術訓練及專案訓練。若依階層可分為基層訓練以及主管訓練兩種。訓練內容包含：服務流程、企業文化、推銷實務、自我表達、人際關係，以及顧客心理等。教學時，可利用講解、研討、實務演練、個案研究，以及角色扮演等方式進行。至於實施訓練的時間，可分成下列三種：

　　職前訓練：採集中式訓練
　　在職訓練：於每季特定時間內，採各店人員分批或集中特訓方式上課
　　專案計畫：依各專案之需求，於每季特定時間內，採集中式訓練

三、教育訓練與晉升

一個毫無經驗的新進員工，開始從事美髮工作，必需從最基本的學員

做起,一路接受訓練,達到標準方可晉級。美髮業的工作職等從學員開始直至準設計師,各個職等所應接受的現場訓練內容如表5.15所示。

表5.15 不同職等所應接受的現場訓練內容

職等	現場訓練內容
準設計師	• 梳髮:姿勢、刮髮及刮梳運用、角度、亮度、弧度、夾子的運用、梳法技巧 • 剪髮:姿勢、層次的連接、分區之正確、創作美感 • 創意剪髮:姿勢、層次的連接、分區之正確、創作美感
一級助理	• 吹髮:姿勢、捲度、亮度、角度彈性、梳子運用及技巧 • 設計漂染:姿勢、創意美感、梳子之運用、角度、彈性、鬈度 • 整髮:姿勢、弧度、亮度整體美感、連接技巧
二級助理	• 花式燙髮:姿勢、創作美感、角度、亮度、排列 • 吹髮:姿勢、角度、彈性、鬈度、梳子之運用 • 編髮:姿勢、亮度、取髮角度、整體造型及美感 • 手推波浪:姿勢、弧度、亮度、整體美感
三級助理	• 花式燙髮:姿勢、捲數、角度、亮度及排列 • 吹髮:姿勢、角度、亮度、彈性 • 編髮:姿勢、梳子運用技巧、亮度、角度、弧度、彈性
一級助手	• 染髮:姿勢、操作技巧 • 吹髮:姿勢、亮度、角度、彈性 • 疊磚燙:姿勢、排列的弧度及技巧、角度、亮度、平衡力、橡皮圈、紙、捲子之搭配、捲數
二級助手	• 捲髮:姿勢、捲數、排列及捲髮之技巧、夾子與髮筒使用、角度、亮度 • 燙髮:姿勢、捲數、角度、亮度、排列技巧、橡皮圈、紙、捲子之搭配、捲數
三級助手	• 捲髮:姿勢、捲髮、排列及技巧、夾子與髮筒使用、角度、亮度 • 洗髮:姿勢、按摩技巧及花式變化、洗髮的操作技巧、與顧客閒談的技巧
學員	• 洗髮:姿勢、按摩技巧、洗髮的操作技巧 • 服裝儀容、衛生與安全

在了解每個職等需具備的技能後,員工可依自身的需求選擇參加技術檢定,經過測驗檢定合格者,則發給證書,做為升級的依據。除了現場訓練課程以外,店內每位員工皆可依不同的職等,接受不同的公司內部教育訓練項目,見表5.16。內部教育課程中還會不斷地強調企業文化和敬業精神等。

表5.16 不同職等所應接受的公司教育訓練內容

職等	公司教育內容
會計人員	店頭會計訓練班(包括:會計程序、預算制度、櫃台禮儀)
設計師	設計師再創高峰特訓(包括:潛能激發、顧客關係、口才和禮儀、技術訓練)、名師訓練(包括:流行資訊、形象塑造、顧客贏取)、設計師自我提升與發展訓練(人生經營、人際公關、名師魅力)
準設計師	升遷訓練(包括:企業文化、人際關係、顧客心理)、準師特訓
一級助理	升遷訓練(包括:企業文化、人際關係、顧客心理)、剪髮
二級助理	升遷訓練(包括:推銷實務、自我表達)、素描、包頭
三級助理	升遷訓練(包括:企業文化、服務流程、推銷實務)、特殊捲髮造型、編髮、手推波浪
一級助手	花式燙髮、手捲或進階燙髮技巧
二級助手	染髮、基本燙髮、直式吹風
三級助手	設計概念、護髮、溝通技巧
學員	公司文化、服務流程、自我表達、頭髮結構與生長原理、皮膚的基礎知識

區域和連鎖店主管是連鎖企業總部與各門店之間的重要橋樑,其管理能力直接影響門店的營運效率和品牌形象。接受總部的管理教育訓練能夠確保主管具備一致的管理理念和執行能力,具體實施項目如表5.17所示。

連鎖店內應製作教育訓練記錄卡,當員工接受各種訓練後,在記錄卡的資料欄中分別填入所屬店名、到職日、性別、姓名、出生日期,以及

電話及地址等資料。另外,再記錄受訓的日期、種類,以及訓練重點等資料,由主管簽名確認後歸檔備查。

表5.17 不同職等的管理教育訓練項目

職等	管理教育訓練項目
區經理	區經理經營管理訓練(包括:連鎖體系概念與組織、商圈管理、店頭管理、績效評估、風險管理、消費者管理)
經理	經理級主管管理訓練(包括:團隊建立、經營分析、行銷策略、節稅管理)
副理	副理級主管管理訓練(包括:業績績效、店頭魅力)
主任	主任級主管管理訓練(包括:員工訓練與管理、團隊士氣、成本概念、目標管理)
新進主管	主管職前訓練(包括:店頭管理、領導技巧、商圈精神)

第六章
公共關係與促銷管理

公共關係與促銷管理 第六章

在當今競爭激烈且瞬息萬變的商業環境中，公共關係與促銷管理已成為連鎖企業成功的關鍵要素。隨著消費者需求的不斷演變、市場資訊的透明化以及媒體平台的多元化，連鎖企業需要更精準地定位自身，並以創新且有效的方式與消費者、供應商、媒體界等多方建立緊密聯繫。

公共關係作為塑造品牌形象與管理利益相關者關係的重要工具，不僅影響著企業的聲譽，也直接關乎其在市場中的競爭力。同時，促銷活動的意義在於促進業績、活絡氣氛、激勵士氣、分享顧客、開拓市場、穩定顧客、刺激消費，以及持續提升知名度。本文旨在介紹連鎖企業如何結合公共關係與促銷管理的實務，促使業績增長、品牌價值的最大化與長期發展。

6.1 公關管理

在連鎖企業的經營中，公關管理不僅是品牌形象塑造的核心，也是維繫消費者、供應商與媒體關係的關鍵策略。隨著市場競爭日益激烈和消費者需求的不斷升級，連鎖企業如何透過公關的力量應對挑戰、化解危機並創造價值，成為企業長期成功的必修課題。

一、動機與目的

隨著社會走向多元化，勞工、環保人士，消費者意識提升以及地位增強。每一個企業不但要內對員工、外對顧客，還要面對社會大眾，良好的公共關係已經成為企業不可或缺的一部分。面對各種不同領域的團體和個人，如何加強及維繫彼此間關係，使他們成為企業的資源。企業能善用這些資源以協助發展，做到廣結善緣、無往不利，這是現代公關的努力方向。好的公關管理可以化阻力為助力，並達到如下的目的：

- 塑造企業形象，建立良好商譽。
- 溝通並結合社會大眾，促進與各種不同組織團體聯繫，以增進相互瞭解，爭取最大共贏。

187

- 傳播企業文化和理念。
- 對社會的關懷與回饋。
- 深謀遠慮、未雨綢繆。
- 持續正面良好的知名度。
- 累積良好的社會關係，必要時要發揮積極正面的影響力。

二、對媒體界的公關

在連鎖企業中，媒體公關品牌建設和市場競爭的重要環節，對企業的聲譽、形象以及消費者的信任有直接影響。以下列舉如何做好對媒體界的公關事項：

- 舉辦說明會、加盟說明會，以及活動說明會等，邀請媒體參與。
- 慶典邀請，例如：開幕、年終聚會、週年慶等。
- 主動發布新聞稿（如有活動或貴賓來訪時）。
- 設定主題，安排專訪。
- 年節贈品，每年一到兩次。
- 安排大型國際性美髮技術發表會或比賽的採訪事宜。
- 非正式的聚會。
- 贈送貴賓卡。
- 定期或不定期安排記者參觀。
- 為記者做形象設計服務。

三、對供應商（廠商）的公關

連鎖企業對供應商（廠商）的公關至關重要，因為供應鏈的穩定和協同直接影響產品供應、品質、成本以及企業的市場競爭力。由採購部門執行，以下列舉如何做好對供應商（廠商）公關的事項：

- 在開幕前舉辦說明會。
- 舉辦感恩頒獎活動，每年年終一次，表揚績優供應商，邀請參加週年慶。

公共關係與促銷管理 第六章

- 製作和寄送感謝函（狀）。
- 舉辦每月一物特惠活動。
- 合辦促銷活動。

四、對顧客的公關

確定「顧客至上」理念，在做好顧客服務的同時，也要關懷顧客，善盡社會責任，維護好顧客關係，並吸引更多的潛在客戶，從而提升品牌形象。以下是具體的公關事項建議：

- 舉辦開幕活動，每一家店開幕時，可邀請知名人士剪綵，並舉辦雞尾酒會。
- 進行慈善訪問，組隊慰問孤兒院、養老院或需要幫助的家庭，尤其是逢年過節時。
- 舉辦選拔賽並由顧客來參與票選。
- 舉辦公益活動，如在母親節舉辦全家福攝影、繪畫活動等。
- 歡迎現場參觀，建立參觀模式，邀請學校、機關團體來店參觀。
- 凡加入貴賓會員者，在他們的生日前需寄送生日卡。
- 不定期舉辦演講、演唱會。
- 免費顧客服務專線。
- 顧客意見反應調查。
- 流行髮型發表。
- 發行刊物。

五、對主管機關的公關

對主管機關進行公關活動時，應以合法、透明和專業的方式建立良好關係，促進雙方合作。同時，需避免可能引發誤解或損害聲譽的行為。以下列舉對主管機關的公關事項：

- 贈送貴賓卡，對象是各店當地的警政、消防，以及稅捐主管機關等。

- 邀請參與開幕、週年慶酒會等。
- 年節贈送紀念品。

六、敦親睦鄰的公關

　　進行敦親睦鄰的公關（即與周邊社區或鄰里建立友好關係的公關活動）對企業來說具有多重重要意義，尤其是對於連鎖企業和需要在地化經營的企業而言。以下是進行敦親睦鄰公關的建議事項：

- 掃街活動。
- 拜會里長、鄰長、左鄰右舍。
- 結合姊妹店。
- 商圈內舉辦講座。

七、對員工和家屬的公關

　　企業對員工和家屬的公關是內部溝通和文化建設的重要組成部分，能夠增強員工對企業的認同感、歸屬感，並進一步提升工作滿意度和生產力。同時，關注員工的家屬能延伸企業影響力，營造更加和諧、支持的工作氛圍。以下是針對員工及其家屬的具體公關事項：

- 年終發感謝函給優秀員工的家長。
- 家屬、本人生日前，由公司寄送卡片及禮品。
- 週年績優表揚。
- 由店主管參加當地社區之社團，如獅子會、扶輪社等。
- 鼓勵員工創業和加盟。
- 出國考察研修。
- 定期舉辦懇親會。
- 舉辦企業員工運動會。
- 發行公司內部溝通刊物。
- 設置溝通布告欄。

公共關係與促銷管理 第六章

- 設置員工意見箱。
- 成立員工心理輔導中心。
- 舉辦員工教育訓練。
- 員工士氣或意見調查。
- 製作公司簡介、簡報內容。
- 舉辦休閒競賽活動。

八、對同業的公關

進行同業的公關活動（Peer Relations，PR）是企業在市場中建立合作共贏的重要策略。同業公關活動不僅能促進企業之間的合作，還能共同推動產業進步，塑造企業的領導地位和專業形象。以下是有效進行同業公關活動的具體事項：

- 發表經營管理的理念和最新知識。
- 分享流行資訊與專業技術。
- 合辦相關活動，如美髮技術競賽、出國考察等。
- 邀請參加開幕酒會、週年慶等。
- 舉辦展店說明會。
- 定期舉辦同業聯誼活動。

九、對政府與學術機關的公關

對政府與學術機關進行公關是企業建立公共影響力、促進政策對接和技術合作的重要策略。這類公關活動旨在建立企業與公共部門及學術界的合作關係，為企業的業務發展和創新提供支援。以下是具體的公關事項：

- 邀請政要參觀剪綵，並發布新聞。
- 委託學術單位進行相關研究。
- 配合政府活動。
- 成立獎助學金。

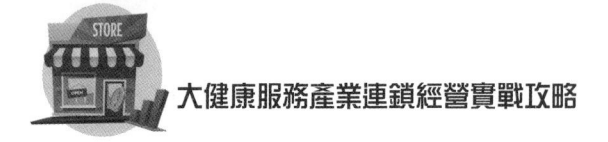

- 設立論文獎。
- 與學校建教合作，並建立公關。

十、對社會大眾的公關

　　連鎖企業對社會大眾進行公關活動，不僅關係到品牌的形象與信任，還有助於展現企業的專業與實力、提升競爭力，進而鞏固企業的長遠發展。以下列舉一些對社會大眾進行的公關活動：

- 員工組隊上電視節目。
- 補助體育競賽。
- 參加比賽活動。
- 積極參與政府主辦的活動。
- 固定時段製作電視節目。
- 參與愛心義賣活動。
- 贊助公益廣告。
- 成立基金會。
- 在媒體開闢專欄，介紹與行業有關的資訊。
- 電視節目、連續劇、新聞主播、或雜誌模特兒的造型服務。

十一、公關的實施

　　在實施每一種上述的公關活動時，必需做好事前的規劃和準備，提案人填寫「公關實施計畫表」，並取得部門主管和上級主管的同意。計畫表需包括下列各項欄位：

- What：主題、實施動機、目的。
- Whom：實施對象。
- When：實施時間、期間。
- Where：實施地點。
- How：實施的辦法、詳細步驟。

公共關係與促銷管理 第六章

- Who：由誰來執行？
- How Much：花費多少預算？
- How About：成果預估。

執行公關活動前要有個說明會，在執行期間，每一項活動都需做好任務的交辦工作、協調相關部門，並定期召開實施進度會議。可製作並使用「公關工作分配進度控制表」，列出工作項目、承辦人、預定完成日期、督導人，以及執行結果，以方便公關活動的工作支配和進度管控。

每一次公關活動實施後需召開檢討會，進行得失檢討與事後的評核。會議中提出明確的結果評估，並對未來的公關活動提出改進建議。

6.2 與媒體打交道的十大要訣

對多數的企業而言，唯一可以使企業成為萬眾矚目的時機，就是當企業出了大麻煩的時候，包括：產品回收、天災、工運等突發狀況，這些危機都是媒體想要挖掘的最佳題材。因此，許多公司索性將媒體視為不可或缺的惡魔或友善的敵人。

之所以會發生這種看法的分歧，主因在於企業與媒體對事情的觀點不同。企業想使其產品、政策、活動受到注意，而媒體則著眼於找有趣的知性情節。不幸地，負面行銷永遠比訴求共通點來得有效，這句話的意思正好應了「沒有消息就是好消息」的俗諺，而換個方向思考意即：「全是好消息就沒有什麼好報導的了」。

企業要如何讓媒體報喜不報憂呢？如何將負面新聞的殺傷力降至最低呢？和公司發言人商量應該是比較可行的方式，只要認為此事有曝光價值，無論好壞，都可以透過下列十種方法的運作，幫助企業成為媒體曝光率最高的公司，而且此舉對公司本身、媒體記者、編輯、目標顧客都有助益。

193

一、確定是否有新聞價值

　　一般而言，新聞是由常態抽離出來較特殊或不尋常的事蹟，因此壞消息通常都比好消息更引人注目，例如，有家航空公司訂下了準時、安全的目標，不過即使它連續100萬次準時又安全地抵達目的地，都不能算是新聞，但只要有一次飛機被劫持或爆炸，不幸地，這就是新聞。

　　常言說得好：「好消息並不能算是新聞」，企業必需積極尋找新角度，賦予好消息全新的生命，透過市場占有率、價格比較表、特殊統計或其他數字，可顯示出公司或產品在價格、品質、數量上的卓越表現；此外，公司、產品或行銷部門新近贏得的獎項也頗具新聞價值。雖然這些資料可能不及時或是新聞性不強，但因為數字本身就具吸引力，所以這類報導仍有可看性。

二、尊重截稿時間

　　判斷是不是新聞的方法之一是時間性，這點對講求時效的電子媒體或報紙而言特別重要，新聞是不會等任何人的。企業如有意在媒體上發表訊息，第一課就是要學會掌握各個媒體的截稿時間。特別是報紙，不同版面截稿的時間不同，因此必需隨手記下這些資訊，並隨時更正，以備後用。

　　另一個需注意的時間問題是讓編輯或記者有足夠的時間覆函。當你邀請媒體代表蒞臨記者會或特殊活動時，邀請函必需在活動回函截止時間之前送達。這聽來似乎理所當然，但仍有許多企業未能掌握此點，而喪失新產品免費宣傳的良機，所以寧可給自己比原先預期更多的時間，以從容地寄發邀請函並收到回函。

三、讓記者容易找到人

　　立刻回電是最基本的禮貌，但這也是記者對企業抱怨最多的一點。一般而言，最好的公關人員應將回覆媒體電話視為第一要務。因為若不立即

公共關係與促銷管理 第六章

回電，企業可能就失去了一次免費廣告的良機。因此之故，必需讓記者可以隨時找到公關人員，而且讓他們知道，即使在下班時間也願意為他們回答問題。

四、避免使用含糊不清的行話

大多數的記者都是通才，因此對特定的行業全然無知。此時他們最需要的是簡潔明瞭、有次序地將事實鋪陳出來，而不需要那些艱澀的專業用語或技術名詞。此時企業應該提供的協助是弄清楚他們的問題，並瞭解他們實際需要什麼輔助資料。可能的話，接受他們當場詢問，並於每位記者問答完後，再覆述一遍所有問題，以確定記者不會產生誤解或遺漏任何重點。

五、不要說「沒有意見」

簡潔地用「我沒有任何意見」來拒絕記者的詢問，只會讓記者更懷疑其中有所隱瞞。如果你有不便置詞的理由，最好把它說出來，以免產生誤解或得罪記者。例如說：「這是公司的政策，我不便先做財務預估」、「因為這件事還在調查當中，所以還沒有成熟到可以推算出肇事原因」、「我不能批評我們的競爭對手」或「我尚未看到你提及的報導，所以不能在此時下評斷。」切記！如果你不能置詞，一定要做簡短的解釋，這樣會使你和你的公司更受人信賴。

六、事先決定遊戲規則

企業事先必需決定要採用哪種採訪方式。如果把消息告訴記者後，才表明這次談話的內容不適合刊載，那麼記者有權決定是否要將這段話自其筆記中刪除。最好的採訪方式是採訪後，引用你的名字、職稱，及公司名稱發表，而且表示你願意為你所說的一切負責。下列是記者與受訪者在取得資訊時需遵循的四個共通協定：

1. 全盤記錄（On the Record）：意指受訪者所說的每件事都會被記

者刊載。

2. 不記名（Not for Attribution）：受訪者的談話內容，雖會被刊出，但並不仔細標明新聞來源，而僅使用「公司發言人」等通稱。

3. 背景資料（Background）：表示這個消息雖會被引用，但全然不提消息來源。

4. 不予刊載（Off the Record）：所有面談內容都不會予以披露，而只將此當作彼此閒談的內容。

七、不需要求記者或編輯扼殺新聞

這樣做一點也沒用，只是徒然使你看起來一點也不專業。而且，別期望在報紙或刊物出刊前先審查新聞。大多數的媒體都會明文規定，記者不得將新聞事先交給受訪者，以免妨害新聞自由。好的記者通常都會在刊出前多方求證，甚至要求你先閱讀部分稿子，以確定他們已經全然瞭解你的意思，但這並非常態，你也別因此而誤以為自己擁有看稿的權利。

還有一種情況，記者可能會問一些複雜的話題（包括：法律問題、保險、專刊的資訊、未來的計畫等等），對於這些問題你可能必需將整個事件再重新審視一次，才有絕對的把握可以接受記者的訪問。

八、讓你發布的新聞稿保有易讀、易用的特性

所發布的新聞稿應該以雙空格打好字並採用標準用紙，稿紙的上下、左右都必需保留相當多的空間，確定每頁稿紙上方都印有你的名字、住址、電話（包括日、夜間的電話），此外，還得標明簡潔有力的標題及頁碼，以便於閱讀。

導言必需簡潔有力，不要一股腦地將所有的事實堆砌在首段，而需省下部分段落以備後用。值得注意的是，你仍然要恪守第一段放置最重要消息的原則，以免將真正的新聞埋設在後續文字中。

小心使用誇大的字眼（第一、最、最大、最新），專家最明顯的標記

是他的文章中充滿了誇大的形容詞和行話。如果此篇文章受到編輯青睞，編輯多會盡力刪除這類文字，所以倒不如自己省點力，少寫一些這種詞彙。如果不能克服這個缺點，至少在此類形容詞上加括號，或者以其他方法來軟化、精鍊語句，如「屬最新款中的一項」或「應該是最好的」。如果你真的必需使用誇大的字眼，一定要找到能夠支撐你說法的證據。

九、不要害怕主動公布壞消息

對大多數企業而言，這是最難做到的一點。企業必需將壞消息當作好消息一般地發布，壞消息如天災、犯罪事實、產品回收、財務損失、人員傷亡等等，而且做到發布快速、內容專業。如能做到這一點，你就可以有效地控制災難的蔓延，避免遭受外部攻擊，並增加企業的可信度。別欺騙自己壞消息會自然消逝，或媒體不會發現，自動發布壞消息在報上所占的篇幅遠比記者自行發現小得多。

十、注意不同媒體的需要

不要採用郵遞的方式來傳送新聞稿，因為如此往往會喪失內容的新鮮度。如果你有新聞稿待發，可以打電話找快遞、傳真或使用電子郵件。

電台和電視的時效性最強，幾乎是以小時為單位。為了供應電視播放的需求，最好提供數位檔案，其中最好記錄主題人物、設備、產品及活動等畫面。

與記者建立關係是所有行銷功能中最重要的一環，而最好的達成方式是經常和記者保持聯繫。找出記者的需求，詢問他們新近刊出的文章或專題報導。透過這些重點的交互運作，你所找到的正面消息被媒體接受並大篇幅報導的可能性就大大增加了。如果所有的重點都做到了，你和你的公司就有可能躍為封面故事！

6.3 促銷管理

　　為了結合促銷與公關，提高活動的功效，促銷管理應成為企業制度。而後的各項促銷與公關活動，無論成本、方式與時機都可以納入控管，並有統一的規範和參考依據。對象包括連鎖體系的直營店、授權店、加盟店，以及合作經營店等。地區性促銷活動只適合某些地區，例如：為門店小週年而舉辦的活動，以及商圈內異業合作促銷活動（進行客源交流）。如果是全國性促銷活動，則適合全國的每一家店同時舉辦。跨國企業還需遵守各國文化差異，舉辦國際性的促銷活動。

一、連鎖店的促銷辦法

　　促銷既屬於行銷也屬於銷售，促銷的內容可以依據行業、產品特性和目標顧客群的需求來設計。促銷的作用不僅限於吸引消費者購買，更重要的是在於提升品牌影響力、優化市場占有率和增強顧客忠誠度。成功的促銷應該結合市場趨勢、消費者行為及資料分析，以達成短期銷售和長期品牌價值的雙重目標。

（一）促銷理念

　　促銷理念是設計促銷活動時所依據的核心思想與價值觀，指導企業如何透過促銷手段吸引目標顧客，增強市場競爭力，並實現品牌和銷售的雙重目標。以下是幾種常見的促銷理念及其對應的工作或活動：

　　1. **目標性**：任何活動都有其舉辦的動機與目的。促銷的目的是立即增加營業額及來客數。公關的目的是為了建立消費者信賴、良好印象，進而間接增加業績。舉辦大型活動可提升連鎖企業的知名度，增加消費者及同業間的認知度。還有一個目的是教育社會使民眾達到共識之效。任何活動的目標、對象，都應更明確化，目標對象達一定數量以上，才值得舉辦促銷活動。

2. **時效性**：促銷活動應依訴求對象的特性選擇在適當季節、節日或重要紀念日舉辦。依訴求對象的多寡，活動內容的吸引力，投入的成本高低，可能收益等因素，來決定促銷期間的長短。

3. **創新性**：任何促銷活動的舉辦方法應力求新鮮、具獨創性、吸引力強，如此才能有大誘因招徠顧客，並提升促銷的效果。

4. **對象性**：促銷活動都必需本著「以誠信為原則」。不得提高價格再打折。贈品、摸彩、抽獎既已答應贈與，即應確實贈出。如需要公證單位或人員在現場稽核，則需事先安排並完成聘用手續。

5. **績效性**：在共存共榮的前提下，區域內的不同產業可進行互利的促銷活動，例如：甲店可放置折價券或優待券於乙店內，反之亦然。為了增加買氣，可請專人製作時段性歌曲為廣告歌曲，廣為傳唱。任何促銷活動都需在成本條件與經濟規模兩大限制下，創造出最大的促銷績效，見表6.1。

表6.1 促銷活動都需成本預算控制和符合經濟規模

兩大限制	說明
成本預算控制	• 促銷活動的成本預算原則：增加的毛利大於促銷成本 • 公關活動所耗費的成本都能夠在公司可控的範圍內，有形的經濟利益和無形的策略意義都能兼具
經濟規模	• 新進的連鎖店低於100家時，成本高的活動盡量少舉辦，全國性的活動亦少之為宜 • 當連鎖店分布區域密集，且家數達到經濟規模時，則適合以較多的經費來舉辦大型活動，成效較巨大

（二）促銷研究的考慮要素

進行促銷研究時，需要綜合考慮多種要素，以確保促銷活動的設計與執行能達到預期目標並產生良好的效果。以下是促銷研究中應考慮的主要幾個要素：

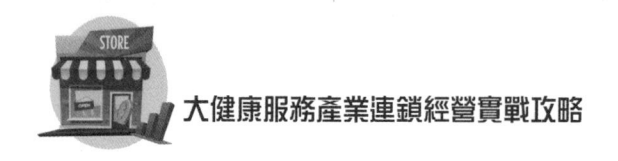

1. 商圈特性：消費者即市場，研究商圈特性將有助於了解目標市場的特徵，見表6.2。

表6.2 商圈特性

特徵	說明
人口結構	商圈內之住戶家庭結構，人口年齡性別分布分析
消費習性	商圈內的人口之支出狀況、價格偏好、流行偏好、消費心理分析
經濟能力	商圈內人口之職業、所得水準分析
生活習性	商圈內人口之作息時間、休閒方式之掌握
商圈動態	商圈內大型機關團體、公司行號的活動時間及人員分析
人潮特質	• 流動客戶與固定客戶的數量比例 • 辦公、住宅、商店之數量比例

2. 節慶與時機：促銷需要考慮節慶與時機，因為這些因素會直接影響消費者的需求、購買意願和市場競爭環境。表6.3列舉幾種重要的節慶和時機。

表6.3 進行促銷活動的重要節慶和時機

節慶和時機	說明
節日	各種重要國定假日、目標明顯之民俗節日
慶典	開幕紀念日、民俗節慶及重要節日
時機	• 時事中熱門話題、流行趨勢，社會焦點事件的掌握 • 配合廠商廣告推廣而辦促銷 • 同業的促銷活動之應變

3. 同業的競爭狀況：「知己知彼，百戰不殆」是流傳已久的一句話。在進行促銷活動前了解同業的經營相關資料是非常重要的，因為這有助於企業在設計自己的促銷活動時做出更加合理和精確的決策。表6.4顯示幾個研究同業的項目與說明。

表6.4 在進行促銷活動前需要了解同業的幾個經營相關資料

同業競爭	說明
同業的服務	競爭對手的服務方式，推廣方式
同業的價格	競爭對手的售價、訂價策略
同業的活動	競爭對手所舉辦的各項促銷活動之分析掌握
同業之客戶	競爭對手的顧客特性、心理分析、來客數分析
同業之優缺點	競爭對手的優缺點、業績分析

4. 業績目標：促銷研究需要考慮業績目標，因為業績目標是衡量促銷活動是否成功的核心指標，也是設計促銷計畫的重要依據。下列顯示三種不同時距的業績目標與匹配的促銷計畫：
- 年度業績：依全年的總業績目標來決定促銷次數和內容。
- 各季業績：依各季的總業績目標來決定促銷次數、內容及規模之大小。
- 每月業績：依各月的業績目標來決定是否舉辦促銷活動。

5. 商品力：若有特殊的商品組合或特別銷售服務方式，則可考慮配合促銷活動。若有新產品上市，也可考慮辦促銷推廣之。

二、促銷活動規劃說明

促銷活動對連鎖企業的成功至關重要，尤其是在競爭激烈的市場中。連鎖企業每年都需舉辦許多場的促銷活動，如果沒有事先依據制度做好規劃，繼而依照程序執行，促銷活動必然辦得雜亂無章，進而造成市場占有率下降與品牌形象受損。本單元以一家連鎖企業為例，介紹實際的促銷活動規劃、執行程序，及其細節部分。

（一）促銷管理程序

每年11至12月期間由行銷企劃人員配合年度營業目標及新產品上市計畫，擬定下一年度（2月至次年1月）一整年所有的年度促銷活動計畫。隔年的1月中旬前，由經營決策委員會進行研討，修正計畫申請書的內容、

活動次數，以及費用預算後定案，以為新年度促銷活動執行時的依據。

前文已經陳述年度促銷管理程序的前三個步驟，分別是（促銷活動年度計畫的）申請、研擬，以及修訂。臨到實際需要舉辦促銷活動時，每一項促銷活動應於執行前20至50天提出「促銷活動企畫案」細則，以利研討、做充分準備。促銷案的申請程序依「費用核決權限」規定辦理。經核准後，促銷案始得執行。若企劃案經過修正，則需按修正後的方案實施。

接下來是活動前的工作分派演練、活動執行。促銷活動期間，店長及總部人員應隨時檢視各項工作執行上是否有偏差錯誤，發現有錯誤應即予糾正。促銷活動結束、回復現場原貌與善後工作後，企劃人員應提出「促銷成果報告」，以完成一整套的PDCA流程。

（二）年度計畫申請表

利用表6.5提出促銷活動年度計畫申請。表6.6詳細介紹了上述申請表格中的欄位及其使用說明。由於申請時仍有許多未定事項，所以允許以籠統和不確定的資料填寫。

表6.5 年度促銷活動申請表

_____ 企劃案

活動名稱				
活動目的				
活動日期				
促銷對象				
促銷地區				
促銷項目				
收益目標	營業額	由___元提升至___元	客戶數	由___人提升至___人
	客單價	由___元提升至___元	無形利益	
活動內容				

宣傳方式	
費用預估	總費用　　　　　　　　投入人員

（副）總經理：＿＿＿＿＿＿　　主管：＿＿＿＿＿＿　　提案人：＿＿＿＿＿＿

表6.6 年度促銷活動申請表中的欄位及其使用說明

欄位名稱	使用說明
活動名稱	●取一個好唸好記、和活動內容吻合又具吸引力、震撼力的活動總名稱
活動目的	●使消費者能知道連鎖店促銷訊息的服務特色 ●提高業績 ●銷售商品或服務 ●增加客數（包含：增加新顧客、穩定現有顧客、挽回失去的顧客） ●提高連鎖店在同業界之知名度
活動日期	●活動起始和結束日期 ●活動日期選定理由 ●活動日期長短的理由
促銷對象	●依主要顧客的特徵，如：家庭婦女、學生 ●依年齡層區分，如18歲以下、19～25歲、26～30歲等 ●依行業別區分，如：金融業、證券業、政府單位、服務業等
促銷地區	●全國性 ●區域性 ●個別門店舉辦
促銷項目	●活動期間內的推廣重點項目為何？
收益目標	●業績目標，例：4萬×15天＝60萬元，60萬×10店＝600萬元 ●客戶數目標，例：由90人／天提升至120人／天 ●客單價目標，例：由300元／人提升至600元／人 ●無形利益目標，例：增加知名度

活動內容	●注意細節，詳述促銷活動的執行方式
宣傳方式	●本次活動所使用的宣傳方式，廣告媒體為何？ ●詳述選擇的原因
費用預估	●大略統計需要多少經費和人員投入 ●描述活動規模和預估的依據等

（三）促銷企劃案

每次舉辦活動前，同樣使用表6.5提出申請，但填寫的內容需要確實與詳細。促銷企劃案可以把表6.5當做首頁。除了申請表格的內容以外，促銷企劃案還需提供如下訊息：

1. **工作分派、外圍支援、進度控制**：將促銷活動從規劃、聯絡談判、洽商、發包、執行等各項工作列入明細表。分派由專人負責，並對時間、進度品質詳加控制。企劃人員需要另外準備「促銷企劃案控制表」，做好專案管理。

2. **預算控制**：促銷活動性質的費用原則上在總業績之3%至5%為宜。具廣告宣傳效果的公關、競賽性質的費用原則上以總業績之5%到10%為宜。費用估算應詳列出其明細，見表6.7。

表6.7 活動預算明細表

營業目標：	提升來客數：		
費用預算：	營業目標比率：		
編號	活動方式	編號	活動方式

總經理：＿＿＿＿＿＿　　主管：＿＿＿＿＿＿　　提案人：＿＿＿＿＿＿

必要時應檢附各類估價單,一般促銷活動包括下列費用項目,見表6.8。

表6.8 一般促銷活動包括的費用項目

費用項目	細項
贈品費	
傳播媒體費	電視、電台、雜誌、報紙、公車外/內廣告、電影前之廣告、店頭播放的音樂檔、其他媒體
製作費	影片、簡報、設計完稿費、音樂檔、其他
印刷費	看板布條、吊旗、串旗、海報、文宣廣告、其他
講師費	
場地費	外租場地辦活動
贊助費	參與義賣活動、慈善、公益活動
雜費	交通、交際及各項雜支

3. **效益評估**：促銷活動的效益可區分為有形與無形。有形效益如營業額增加、毛利率提高，以及增加來店人數等。無形利益如提升品牌的知名度與認知度，以及培養長期顧客等。因此，促銷活動的種類區分為商品促銷和形象促銷兩種。

（四）工作分派與演練

促銷活動執行前應將執行工作分派給現場執行人員。各項注意要點應向現場等有關執行人員詳細說明，或以說明書傳達至每位現場人員及有關人員。

準備相關事項和物品，例如：促銷品進貨、陳列、廣告物、印刷物、旗幟、布條、海報、廣告，以及店頭設計布置。必要時，需於活動執行前一個月內要求現場人員及有關人員事先演練之，以求實際執行時之熟稔順利。

（五）促銷活動期間

準備這麼長的時間，終於到了促銷活動當天，促銷活動工作分派及注

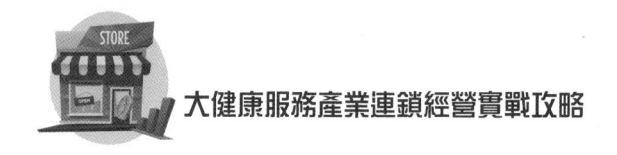

意細節應如同演練一般不得馬虎，下列是活動細節說明：

1. 宣傳告知：依照規定，正確張掛或擺放如下物品，包括：海報、看板、指示牌、布條、傳單、折價券、優待券、兌換券等。注意張掛或擺放的位置及方法。

2. 活動內容：現場人員及接電話人員均應完全瞭解促銷活動的內容及顧客權益。對顧客來店或電話詢問時對答如流，對老顧客要主動提供活動資訊，並告之可享有的優惠。

3. 服務品質：如遇促銷期間顧客激增時，現場人員仍應保持親切的態度。隨時確保良好的服務品質，以及維護良好的店頭秩序。

4. 財務管理：促銷期間特別注意現金管理，避免像找錯錢或偷竊這樣的事情發生。同時也需特別注意其他各項的安全管理。

5. 價格更正：總部電腦系統應做店內價格更正表。

（六）期中考核與事後檢討

進行促銷活動期間考核，運用電腦每日列出各店人數及業績，統計促銷費用和毛利預估。事後檢討也是促銷管理的重要環節，例如：廣告案的檢討改進。考核與檢討目的是確保促銷活動的成功和持續改進。企劃人員可利用表6.9記錄促銷活動的表現，與目標值比較，從而了解達成率並進行檢討。

表6.9 促銷成果檢討和追蹤表

時間：＿＿年＿＿月＿＿日～＿＿年＿＿月＿＿日 計＿＿天

項目	目標	實際	達成率
客戶數　目標		實際	達成率

客單價	目標		實際		達成率	
費用	預算		總公司費用	各店攤提	實際合計	
淨利	目標		實際		達成率	
促銷得失檢討						
建議事項						

報告人：＿＿＿＿＿＿　　主管：＿＿＿＿＿＿　　（副）總經理：＿＿＿＿＿＿

（七）獎懲規定

促銷活動的執行效果直接影響銷售業績和品牌形象。促銷活動後進行獎懲有助於鼓勵員工表現、優化活動流程，並避免未來重蹈覆轍。獎懲對象包括個人和團體，處罰原因包括禁忌和執行事項。

三、促銷活動形式

促銷活動是吸引顧客、提升銷售和品牌認知的重要手段，種類繁多，針對不同目標可設計不同形式的活動。這些不同的形式各有其優缺點，值得深入比較與了解。以下是一些常見的促銷活動類型：

1. **贈品**：贈品的考量因素有五。第一是有獨特性，其他競爭門店無法取得，或比競爭店在價值上更具吸引力，例如：自創名牌的洗髮精。其次是知名品牌，以受歡迎的知名品牌為主。第三是可重複購買循環，即該項贈品具有短暫的重複購買循環的功用。第四是成長期中的商品：該項商品正處於競爭或開發期中，例如：剛從國外引進的新品牌化妝品。最後考慮女性常用的物品，例如：小飾品類。

2. **贈品之運用**：贈品以與美髮、美容、個人衛生相關之較低價位商品為主，或以與節慶時令相關的商品為主。例如：來店就送面紙，或將廣告

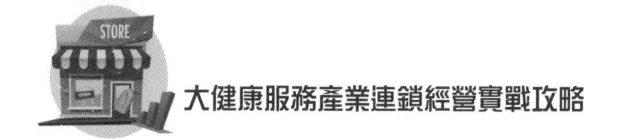

印製於面紙上；洗髮、護髮的小樣品；梳子、髮帶、絲巾等；或是特殊節慶時考慮的贈品，如過年送紅包袋。

3. **特價**：將所有服務品項、商品予以打折，以嘉惠顧客。

4. **贈送**：凡燙、剪、護、染者各贈送相關之洗髮精、護髮乳等。購買或消費金額達一定金額再加贈相關贈品。

5. **點券**：送點券是一種靈活且易於管理的促銷工具，能有效吸引消費者並促進短期銷售，但需謹慎設計條件，平衡促銷成本與品牌價值。表6.10顯示送點券方式的實例：

表6.10 贈送點券方式的實例

點券方式	辦法分類
以送點券、折價券累積送贈品	
送點券、消費抵價	
送點券、兌換券等累積後送摸彩券	每消費500元計1點
	每集10點送○○○或摸彩券
	每集20點送○○○或摸彩券
	每集50點送○○○或摸彩券

6. **抽獎**：抽獎促銷是一種高吸引力、低成本的方式，能有效吸引顧客關注和參與，但需要謹慎設計活動條件，避免執行不當帶來負面影響。以下列舉一些抽獎的方式：集點數可得抽獎券，或凡消費多少元以上，可抽獎一次、可得刮刮樂，或可抽打折之折數券。

7. **旅遊**：旅遊促銷活動是一種高吸引力的方式，特別適合用於提升品牌形象和忠誠度，但需謹慎處理成本、執行細節與合規問題。進行方式如與旅行社合作，凡消費一定額度可得旅遊券一張或獲得一定比率的折扣。

8. **摸彩**：上述的抽獎多數為活動結束後公布中獎名單，具有延遲性，適合線上或長期活動。此摸彩通常為即時參與並立即得知結果，適合短期、現場活動。實例為凡消費一定額度可得摸彩券一張、可得刮刮樂彩券

一張,或可摸紅包一個。

9. **折價（扣）券**：活動期間可以使用折價券或折扣券進行促銷,或打折販賣。可全部使用或註明折價（扣）券僅適用於某些項目,例如：店販之商品或護髮。

10. **折扣**：折扣促銷是最常見且直接的促銷方式之一,能夠迅速吸引顧客並提升銷售業績。可以針對特定的項目做促銷,例如：剪髮、護髮、燙髮,或者是店販之商品。

四、不同時機的促銷方式

　　促銷活動根據時機的不同,目標、策略和效果會有差異。開幕促銷係因連鎖體系新店開幕時所做的促銷活動,可同時提升新店與品牌的知名度。選擇某一日期為連鎖企業創立紀念日,藉此機會進行促銷並告知消費者品牌運作及成長情況,以加深消費者的認知,進而提升業績。舉凡國定假日、特殊節日,以此為主題,依消費者的需求提供合適商品組合,舉辦促銷活動而提升業績。例如：教師節到學校發折價券、母親節送康乃馨、護士節送折價券到醫院等。

　　促銷活動中的「小SP」作法,是指以小規模、靈活、針對性的推廣方式來促進銷售,通常由銷售推廣員執行,目的是在特定場景下吸引消費者、提升產品銷量或提高品牌曝光度。另外,促銷工具要視狀況變換,如5、10月為折扣期,詳細辦法可視為商業智慧,應形成企業的內部資源。以下列舉各種時機所舉辦常見的促銷活動,見表6.11。

表6.11 不同時機建議採取的促銷活動

時機	建議舉辦的促銷活動
開幕	• 運用贈品 • 特價（折扣） • 發放點券 • 運用附近大型會場做展示活動

	• 送貴賓卡、募集會員、增加客戶 • 免費發送洗髮券 • 拜訪商圈內的老顧客 • 發放文宣廣告 • 舉辦公開性講座,例如:請名人演講,主題以髮型美容生活相關性為主,或提供流行資訊
週年慶	• 折扣 • 與相關的上游廠商或其他行業搭配,舉辦大型活動
特殊節慶	• 針對特定對象提供特別贈品 • 針對特定對象和特定主題舉辦講座 • 巡迴各機關的展示活動
長期促銷	• 推廣個人與家庭會員,如:九折優待的貴賓卡、VIP金卡、八折優待等 • 發放點券,如折價券、贈品券,也可贈送小樣品 • 提供流行資訊 • 主動出擊拜訪商圈內的老顧客 • 舉辦公益活動
季節性促銷	• 依據不同季節的特色和變化,配合流行時尚和服飾,靈活地舉辦合適的促銷活動

6.4 活動企劃作業規範

　　舉辦各類活動是企業與社會、顧客及媒體建立良好互動的重要橋樑,而成功的活動背後,必需依靠嚴謹的企劃與執行規範。為確保每項活動能有效傳遞品牌價值並達成預期目標,規範中應匯整活動企劃過程中的核心步驟與實務要點,提供清晰的指引,幫助工作團隊在執行中保持高效與專業。

公共關係與促銷管理 第六章

　　這類活動項目如展示會、表演會、聯誼會、研習會,或酒會及各類室內外活動。事前需做好準備和時間控制,表6.12列出活動半年前到活動次日的準備和善後工作。圖6.1顯示整個活動前後的進行程序。下文將介紹活動的步驟和細節。

表6.12 舉辦大型活動前後的準備和善後工作

時間	準備工作項目
六個月前	1. 確定目的 2. 決定規格 3. 決定型態、方式 4. 預估對象人數 5. 決定活動的時間和地點 6. 概略預算
五～一個月前	1. 發包印刷請帖、邀請函 2. 製作陳列物、裝飾物 3. 發包訂製紀念品、禮品 4. 設計邀請函和廣告文宣 5. 編列邀請對象名單 6. 擬定展示裝飾計畫 7. 繪製會場平面或透視圖
三～兩週前	1. 寄發出邀請函 2. 確認各種展示品 3. 擬定當天人員安排計畫 4. 和裝潢公司會商研究 5. 安排臨時工作人員 6. 驗收紀念品、贈品
三～一日前(當日)	1. 會場布置施工實施 2. 將展示品搬入會場 3. 搬入當天所需物品

	4. 為搬入物品製作編號 5. 安排調查展示品的種類 6. 整理回函信件、名單
次日（隔天）	1. 展示物搬出 2. 事後追蹤 3. 物品發出審核 4. 事後報告 5. 檢討

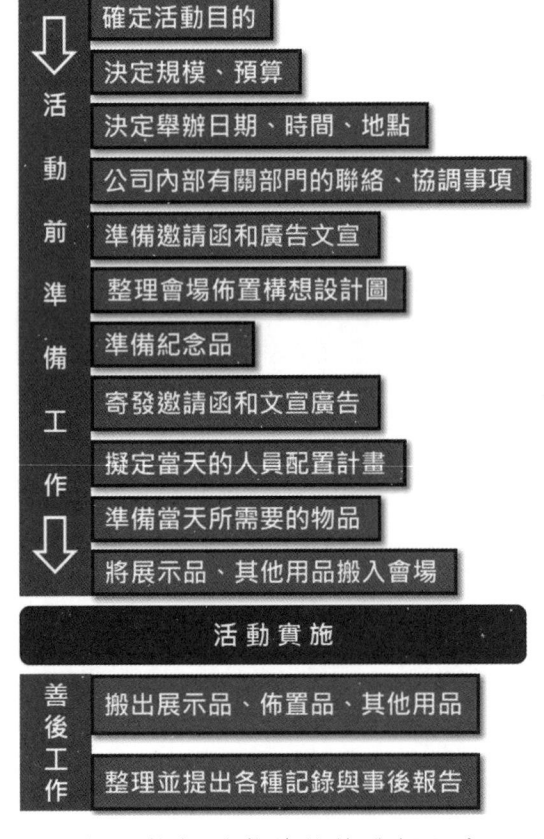

活動前準備工作
- 確定活動目的
- 決定規模、預算
- 決定舉辦日期、時間、地點
- 公司內部有關部門的聯絡、協調事項
- 準備邀請函和廣告文宣
- 整理會場佈置構想設計圖
- 準備紀念品
- 寄發邀請函和文宣廣告
- 擬定當天的人員配置計畫
- 準備當天所需要的物品
- 將展示品、其他用品搬入會場

活動實施

善後工作
- 搬出展示品、佈置品、其他用品
- 整理並提出各種記錄與事後報告

圖6.1 整個活動前後的進行程序

一、確定活動目的

如前所述,在企劃一場活動時,先要確定活動的目的,確定活動目的之後,對象和作法也自然就有了眉目,一般舉辦的目的大致有下列幾項:
- 介紹新產品。
- 介紹新業務內容。
- 留住或新增現有顧客。
- 提供各種最新情報知識的研討會。
- 促使競爭對象品牌使用者更換品牌。
- 利用節日或週年紀念,表示對顧客長年關照的感謝之意。
- 新設營業所、分公司、大廈新廠之落成。
- 提升企業形象的公益性活動。

二、活動的規模

事先對下列事項加以檢討,以便決定活動的規模:
- 招待對象所屬階層。
- 招待對象總人數。
- 總預算金額。
- 會場的現有面積、型態、硬(軟)體情況以及地理位置等。

三、活動型態

因活動的目的和規模的不同,活動的型態和內容也會不同。檢討以最小的預算,而且能確實達到目的的最有效方式,活動的型態大略可分成下列四種:
- 以介紹新產品、新業務為主的展示說明會。
- 講習研究會性質的活動。
- 懇談會、座談會性質的活動。
- 歌唱秀表演性質的活動。

四、舉辦日期與會場的確認重點

在活動籌備過程中，舉辦日期與會場的確認直接影響活動的順利進行與參與者的體驗。合適的日期能最大化吸引目標受眾的參與，而適當的會場則能提供良好的活動環境，確保活動流程順暢，呈現最佳效果。

（一）決定活動舉辦日期

活動舉辦日期必需同時考慮公司內部和參加人員，以找出最佳的配合日期。公司內部必需考慮的重點，包括：產品可出廠的時間、必要素材可獲得的時間，以及員工派遣最可能掌握的時間等。同時也要了解最容易出席的日子，以下列舉一些需要避開或注意的日期：

- 避免公家或私人企業發薪的日子。
- 避免月底。
- 以公家機構為對象時，盡可能避免週六或國定假日（不含一般企業）。
- 公司盤點的日子也盡量避免。
- 地方性的活動和非地方性的節慶也有關係，否則也應盡量避免在地方性節慶前後的日子。
- 避免梅雨的日子、農曆七月，或颱風前。
- 注意競爭對象可能活動的日子。
- 配合消費者對商品可能的購買期。

（二）決定會場時必需考慮的地方

把適合的活動會場，事前列成一覽表，並把下列各項在一覽表中詳細記載。

- 會場的面積大小、高度等。
- 會場租金。
- 會場電力容量。
- 會場的交通與停車容量。

- 會場的周遭環境問題，例如：是否影響鄰街正在建築的大廈，或會場的一部分正在改建中。
- 會場的照明設備狀況。
- 會場的音響設備或用品。
- 可供使用的設備或用品。
- 是否有專用的工作人員室、貴賓室及儲藏室。
- 是否有可供使用的招牌或指示牌。
- 物品搬進、出口的大小，以及可使用的時間、地點。
- 物品出入口的位置配置情況。
- 會場的建築物是否符合消防和公共安全規定。
- 是否印有會場使用說明或條件書等。

五、邀請函和文宣廣告之製作

製作邀請函時需要重點核對是否把舉辦的主旨和目的講清楚、說明的內容是否過多或不足、內容表現是否能引起注目或興趣，以及舉辦的時間、地點是否很容易看出來。封裝邀請函前，需檢查信封內是否包括下列物品：

- 邀請卡
- 回函明信片
- 商品的型錄
- 販賣商品的資料
- 紀念品的兌換券
- 停車券
- 茶點券
- 意見調查問卷

以上物品，因活動形式和內容的不同，所需放入的東西也不盡相同，可把認為所需要的物品任意加以組合放入。

六、會場布置

會場布置不僅影響活動的視覺效果和氛圍，還直接關係到來賓的參與體驗和活動目標的實現。一個精心設計的布置，能夠有效傳遞品牌形象、突出活動主題，並營造良好的互動環境，讓參加者留下深刻印象。會場布置必要的東西以清單方式列出如下：

- 報到、簽名櫃台
- 主題標示板
- 說明標示板
- 指示標示板
- 壁面裝飾、廣告看板類
- 各種吊旗
- 盆栽、盆景、景觀植物
- 接待用桌椅
- 詢問台服務站或聯絡處
- 產品展示台、陳列架等
- 紀念品兌換處櫃台
- 燈光、音響或專業設備器材等

以上僅提供做為參考，必要的設備和物品需事先列出清單，以做好準備工作。會場布置在發包之前，必需特別注意公司名稱和產品名稱必定要用指定的文字及圖案、使用指定的標準色彩，以及按硬軟體的工作清單進度，分段追蹤或核對驗收。

七、寄發邀請函

最理想的發送時間是活動實施前的一至兩週前。人名、地址如有錯誤時，不要修改，應換一張書寫。人名一定要全名，如加上職稱，一定要正確。尊稱的使用要特別小心謹慎。

八、活動當天必需準備的物品

根據活動性質及規模,以下是活動當天通常需要準備的物品,確保活動順利進行:

- 指示牌類(報到、出口、洗手間、會場入口、指示牌)
- 制服類(含帽子、領帶、褲鞋類)
- 各種申請特殊用紙、各種型錄、說明書樣品等
- 迎賓飲品與點心
- 邀請者名冊、簽名簿(程序表、座位表、桌位表等)
- 對講機、手機備用電源、雷射筆
- 紀念品、贈品、胸章、名牌、配置圖等
- 名片投入箱、摸彩箱
- 紙袋、資料袋、信封袋
- 文具用品(膠帶、簽字筆、迴紋針、圖釘、訂書機等)
- 救護箱、自動體外心臟去顫器(AED)、臨時照明
- 煙灰缸、打火機
- 桌布、抹布、清潔液、殺蟲劑
- 攝影器材、麥克風、延長線、遙控器、電池備品

九、預估費用

預估活動費用能確保活動順利進行,預估時清楚列出支出項目,掌控單價與數量,並預留應急金是關鍵要點。活動期間持續監控支出,活動結束後進行費用檢討,能為未來活動積累寶貴經驗。活動的費用大致由下列數項所組成:

- 會場費
- 展示、裝飾、布置費(含製作費、電費等)
- 邀請函與廣告文宣的印製費和郵寄費
- 用品費(含紀念品、文具等用品)

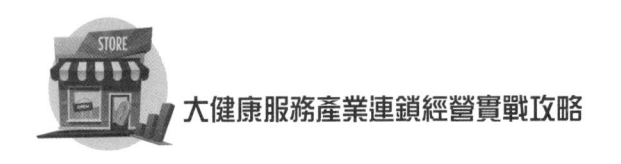

- 人工費（含臨時雇用人員）
- 食宿交通費
- 接待費
- 搬運費

十、確認事項

　　舉辦活動需要在事前的不同時間確認事項，原因如確保活動流程順暢、發現問題並及時解決，以及統一協調各方資源等。表6.13列舉事前三個時間點需要確認的事項。

表6.13 舉辦活動前三個時間點需要確認的事項

確認時間	確認事項
一個月前	• 邀請函是否已完成？ • 會場資料是否已全部收集完成？ • 是否和公司其他有關部門完成協調的工作？ • 必須準備的各種指示牌、說明板內容是否已決定？ • 邀請對象名冊是否完成？ • 臨時工作人員的安排是否有著落？
一週前	• 出缺席的回函已經有多少了？ • 會場布置用品是否還需要追加？ • 紀念品是否可按期交貨？ • 各種標示牌、說明板的製作是否按時進行？ • 當天工作人員安排是否一切無問題？ • 制服、名牌是否都準備齊全？ • 會場布置的施工進度是否和會場提供方取得連絡和確認？ • 演講者的接待準備是否已有著落？交通問題？食宿問題？
前一天	• 當天的進行程序是否完成協調？ • 當天所需要的東西是否全部準備齊全？

	• 工作人員中是否有臨時不能參加者？ • 會場的布置施工進行狀況如何？ • 燈光、擴音、展示品的準備是否完成？ • 和公司內部其他部門的連絡事項，是否還有遺漏的地方？

6.5 消費者組織與管理

消費者是連鎖事業最大的無形資產，需知消費者是衣食父母。企業只要能和消費者打成一片，就能贏得消費者的心，使消費者成為本連鎖店的忠實顧客。因此，將消費者組織起來，對連鎖體系產生忠誠度、向心力、將為企業帶來莫大的利益和好處。以消費者為導向，施行消費者組織與管理的目的如下所示：

- 建立良好的企業形象。
- 拉近消費者的距離。
- 組織消費者加以利用。
- 掌握消費者動態、培養長期顧客。
- 建立顧客堅實的向心力和忠誠度。

一、辦法

辦法總比困難多，解決辦法如條條大路通羅馬，辦法雖不同，但殊途同歸。本單元將從美髮美容業者的視角，介紹可以增加消費者黏度的各種辦法。

（一）成立文教基金會

以獨立法人的名義成立文教基金會，此會可獨自或與連鎖體系合辦活動。基金會所舉辦的活動項目如表6.14所示：

表6.14 基金會所舉辦的活動項目

活動項目	說明
出版刊物	定期發行刊物，並可請有關廠商贊助廣告
設置急難救助金	每年撥出一定金額，針對急難者申請予以援助
慈善義賣、義演活動	針對特定對象舉辦，將所得款項捐助慈善單位，例如：中秋月圓愛心慈善義演等等
各項公益活動	為響應政府的政令宣傳所舉辦的活動，例如：一人一樹、綠化運動，以及環保清潔週等
各項戶外及休閒活動	為提倡正當、健康之活動，並鼓勵全家一起來參與，例如：壘球賽（家庭組隊參加）、攝影，以及寫生等

（二）舉辦講座

活動可依月、季定期舉辦，或視特殊節慶，不定期舉辦。進行方式可採講座研討方式，每場至少20人；也可改用演講方式，每場至少30人。場地選擇需視欲舉辦活動的規模大小，覓得適合的場地。以交通便利、人潮集中為佳，例如：大飯店或廣場。主講人的組合是整個講座的靈魂，建議請來的主講人如下：

- 社會各界知名人士。
- 大眾傳播中關於女性節目的主持人。
- 各大專院校有關科系的教授、學者。
- 各大醫院之心理、婦女科別的醫師專家。
- 本公司及同業中，具專業知識、台風穩健者。

至於費用方面，一般民眾可酌收費用，持貴賓卡及金卡的顧客可享受優待，但因進行公關所需者或殘障人士可免費入場。為了不讓講座冷場，更為了講座能達到功效，必需進行事前的宣傳，具體宣傳工作如下：

- 可與傳播媒體公司合作。
- 活動行程表製成廣告文宣，透過連鎖體系以店頭放置免費索取，及敦親睦鄰免費贈送外，可經由書局等管道取得。

- 入場票券之銷售亦可透過上述管道或網路售票平台進行。
- 與企業自辦的文教基金會合作。

針對不同的聽眾，舉辦方需準備適合他們的內容，例如：感性系列與知性之旅，見表6.15。

表6.15 感性系列與知性之旅的講座類型

感性系列	
講座類型	講座內容
賢妻良母講座	針對婦女如何扮演賢妻良母之多重角色
新娘講座	對於流行新趨勢之預測、如何搭上流行列車
現代新女性講座	對現代女性常扮演千手觀音，又要瞭解女子兵法，探討新女性該具備什麼特性與條件
亞當與夏娃的對話講座	針對兩性之間紛爭不斷，男女的相處之道、兩性平權，以及如何減少衝突

知性之旅	
講座類型	講座內容
政治與流行講座	談政治及國際趨勢對流行的影響
經濟與流行講座	談經濟的成長與變動對流行的影響
宗教與流行講座	談宗教信仰對流行的影響
文化與流行講座	談不同的文化對流行的影響

（三）發行刊物

發行刊物作為一種公關與行銷工具，可以有效增強企業與顧客之間的聯繫，塑造品牌形象，但同時也面臨資源投入與內容管理等挑戰。發行的刊物有內外之分，屬內部刊物，由公司企劃部負責發行；屬對外刊物，由公司成立之文教基金會發行。美髮美容業主要以發行如表6.16所示的兩種月刊：

表6.16 美髮美容業主要發行的兩種月刊

月刊種類	說明
文化月刊	• 月刊內容以報導流行情報及本企業文化為主題 • 由企劃人員負責編輯,並邀請學者、專家執筆 • 放置各店,供顧客索閱,免費贈送
美人月刊	• 月刊內容以報導最新流行情報為主題,並提供美容、美髮搭配新知、整體造型搭配須知、各類商業禮儀、各項女性心理分析,以及現代人生活情報等,包含知性與感性之各項內容 • 邀請名人、專家執筆 • 本刊係採收費方式,以零售及訂閱兩種,除本連鎖店外,亦可在各大書局訂購

(四) 會員制

會員制是服務業常用的行銷策略,透過吸引顧客加入會員,建立長期穩定的顧客關係,進一步提升顧客忠誠度和消費頻率。本單元提供貴賓卡和VIP金卡兩種具體方式,兩者詳情和比較如表6.17所示,兩者的設計、製作、發行、統籌,全由總公司辦理。

表6.17 貴賓卡及VIP金卡的比較

	貴賓卡	VIP金卡
目的	• 收集顧客資料,以便運用,並促進消費密集度	• 延伸消費者關係
條件	• 針對特定對象主動贈與,如公司行號、機關團體 • 特定對象之公關,如里長、政要、名人	• 特定對象之公關,如里長、政要、名人、公司行號、機關團體

權益	• 持卡消費一律9折優待 • 顧客可以換取八折的有價券 • 連鎖體系各項活動之優先通知和參加權 • 文教基金會之各項公益活動，戶外及休閒活動優先通知參加權 • 生日賀卡及生日折價券（或免費洗髮券） • 年終酬賓贈品	• 持卡美髮消費一律八折 • 連鎖體系各項活動之優先通知參加權。 • 文教基金會之各項公益活動，戶外及休閒活動優先通知參加權。 • 生日賀卡及生日折價券（或免費洗髮券） • 年終酬賓贈品
期限	• 有效期限為一年，到期時舊卡作廢，或以上述條件重新給卡	• 有效期限為兩年，到期時舊卡作廢，或以上述條件重新給卡

兩種卡的製作時間為每年的四月，各店需在前一個月提出申請所需的數量。只限會員本人使用，但若遇有折扣、減價、酬賓時即暫停權限。若遺失，恕不補發。辦理時，會員需填妥個人資料，並輸入電腦。

（五）消費者服務

提供優質的消費者服務能夠帶來顯著的好處，從提升顧客滿意度與忠誠度到促進口碑傳播，都是增強企業和門店競爭力的重要手段。服務不僅僅是商品銷售與服務的輔助，更是品牌價值和企業文化的體現。通過投入高水準的服務，建立長期的顧客關係，實現可持續的業績增長。下文提供幾種具體的服務種類：

1. **整體造型的專業服務**：由設計師為公司團體如航空公司、銀行或個人做團體造型及個人造型設計。

2. **電腦儀器，髮質鑑定服務**：提供最新式之精密儀器，為顧客做慎重縝密的檢查。針對不同的髮質特性，提供顧客最佳的保養方法。

3. **提供最新流行資訊服務**：針對最新流行情報，主動提供給消費者，例如：不同季節所流行的不同服裝、色彩、化妝、保養及搭配方式，或相關儀器，例如：健身器材、蒸臉器，以及護髮產品和用具等。

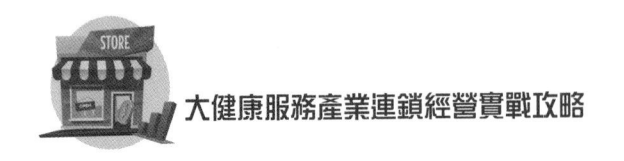

4. **特約服務**：消費者填具顧客資料卡後，或持貴賓卡、VIP卡皆可享受特約服務。特約服務的內容包括各個方面，例如：

食：到麥當勞可享八折優待，或贈送餐券。

衣：到麗嬰房購物，可享八折優待。

住：到房屋仲介公司辦理購屋，可獲一定額的折價優待。

行：到客運公司購票，非假日可享七折優待，假日可獲八折優待。

育：到書局購書，可獲八折優待。

樂：到旅行社辦理旅遊觀光，可獲一定額度的折價優待。

5. **消費者服務專線**：成立免費服務電話專線，接受顧客之查詢及投訴，並予以解答。

6. **每月一物**：針對連鎖店之各項商品，如保養用品等，每月提出一物，予以特價優待。亦可請合作廠商提供商品，或免費試用、試吃。

7. **開辦才藝訓練班**：針對顧客所舉辦之各項才藝活動，例如：烹飪、美容、保養、服裝設計、韻律舞，以及兒童芭蕾舞等。

8. **商圈顧問團**：邀請商圈內的知名人物與忠誠顧客參加，表6.18顯示參加者的權利與義務。

表6.18 商圈顧問團成員的權利和義務

參加者的權利	參加者的義務
• 不定期贈送購物折價券 • 生日時贈生日禮物 • 年終酬賓贈品	• 不定期參加改善、檢討會議 • 不定期建議連鎖店的缺失 • 定期參與店頭評估工作

9. **商圈姊妹店**：與商圈的姊妹店進行消費者服務合作，能夠透過資源共享、聯合行銷與品牌協作，為消費者提供更全面且便利的服務體驗，例如：會員卡共享與跨店福利，同時也能提高整體業績和品牌形象。

10. **設立意見箱**：各店內設置顧客意見箱，接受顧客投訴和建議。若顧客不願將意見投入店內意見箱，亦可寄到總管理處的顧客服務中心。

11. **晚會**：以月份或季度定期辦理晚會活動，可邀請顧客及其家庭成員參加。活動方式以座談會雙向溝通，或烤肉等不同方式進行。

12. **生日慶生**：顧客到各店消費時，設計師可針對其當日或生日前後，請店頭播放生日快樂歌讓顧客有備受尊重的感覺。此舉一方面意使顧客感受企業文化之熱情誠懇，一方面訓練設計師要牢記顧客的相關資料，方可拉攏顧客的心。海底撈火鍋店提供當天壽星的服務就是一個成功的典範。

13. **與供應商合作**：可與供應商合作，提供顧客特價優惠的產品或試用贈品。

（六）專案舉例說明

實際舉辦消費者服務活動時，先由門店或總公司企劃部提出促銷活動申請表，並由總公司籌辦。事前安排與其他企業配合，如麥當勞、屈臣氏、知名服飾，以及家電品牌等。每月一物於店頭做展示陳列，顧客有需要，可直接向門店訂購，由廠商負責送貨到家。販賣商品的利潤分配方式是總公司企劃部占20％，門店占30％，而銷售人員占50％。商品由廠商自行以北、中、南區，分別運送。販賣之展示品若有瑕疵或問題，應交回廠商負責退換貨。

第七章

財務管理與稽核

財務管理與稽核 第七章

在現代商業環境中，連鎖企業因其規模化經營與品牌影響力，成為市場中的重要力量。隨著業務規模的擴大與分店數量的增多，連鎖企業的管理需求也隨之複雜化，其中會計管理與稽核制度扮演了重要角色。

相比於一般企業，連鎖企業需面對多地點、多分店的財務與營運作業，這要求更高程度的標準化及數位化管理。有效的會計管理可以確保資料準確與透明，而完善的稽核制度則能防範風險、提升營運效率。探討連鎖企業的會計管理與稽核機制，我們可以了解如何平衡分散營運與集中管理之間的關係，為企業的永續發展奠定基石。一家成熟的連鎖企業應該具備如下的制度與規章：

- 財務管理辦法
- 總管理處會計作業手冊
- 門店會計作業準則
- 門店會計制度
- 經營分析（包括財務與非財務分析）
- 稽核制度
- 內部稽核作業手冊
- 財會稽核管理制度

7.1 連鎖企業的會計管理特點

連鎖企業的會計管理相較於一般公司有以下幾個主要特點。這些特點使得連鎖企業的會計管理更為複雜，也更需要專業的會計團隊及系統支持。同時，也需要與加盟商、分店經理保持良好的溝通與協調，以確保會計管理的有效性與合規性。

一、多分店與集中管理

連鎖企業通常擁有多家分店，因此需要處理分店的會計資料。這涉及

到各分店的獨立核算與總部的集中管理。各分店需定期上傳資料到總部，總部負責匯總分析並製作財務報表。若分店之間存在商品流通或成本分攤，則需設定內部結算機制，以便編製合併財務報表。

二、統一的財務政策與標準

連鎖企業需制定統一的會計原則、會計科目、核算標準及成本計算方法，以確保資料的一致性。總部需對分店的會計流程進行監督，確保符合企業規範。

三、收入確認與成本分攤

連鎖企業可能採用不同的收入模式，如加盟費收入、服務收入及產品銷售收入等。會計處理需考慮收入的性質及確認時點。總部可能提供給分店行銷支援或其他服務，這些成本如何在分店之間分攤是一大挑戰。

四、加盟模式的會計處理

連鎖企業若採用加盟模式，需將加盟費視為長期收益並分期確認。與加盟商之間的特許經營權授權與收入分攤需明確記錄。

五、存貨與成本管理

連鎖企業常採集中採購，總部管理存貨並分配給分店。會計上需追蹤存貨分配與成本歸屬。分店需執行嚴格的成本控制，並定期回報資料供總部分析。

六、內控與審計

連鎖企業需設計嚴格的內控機制，對分店的收支進行稽核，防止舞弊與資料錯誤。透過財務管理系統實時追蹤分店的財務狀況，確保資料透明。

七、資料分析與報表

連鎖企業依賴資料分析分店的績效，協助決策，例如：調整資源配置或改善營運策略。基於財務報表對各分店進行績效評估，並設置獎懲機制。

八、稅務規劃

各分店的稅務申報與總部的整體稅務規劃需協調處理。對加盟商的收入分配和稅務處理需符合當地法規，尤其是國外分店。

7.2 總部財務部門架構

公司內部的營業活動，凡涉及金錢與有價證券部分，皆須會簽財務部門。唯財務部門負責管理公司財務，須確定每筆收入皆完全流入財務部，每筆支出皆能發揮其效益，而且在交易過程中亦須確保沒有任何舞弊現象。為了促使各部門執行公司政策，便於評估經營績效、內部控制的運作、劃清各部門權責範圍，以及增進部門間的協同效率，所以建立總部的財務部門，圖7.1顯示一個實際的財務部門架構範例。

各部門的運作和責任與一般公司大同小異，本單元僅簡略地提出與連鎖模式和加盟店有關的部分如下：

- 信用部門需擬定對加盟店信用的政策和執行。
- 成本分析主要在總部進行。
- 經營分析需考慮分店部分。
- 各單店（直營及授權店）需將收到的現金，原封不動存入金融機構，總部核准零用金扣款除外。
- 為了應收帳款內控和稅務，各分店開立發票。
- 所有財產的採購，須透過總務部門處理。

- 所有財產的管理和驗證均須由總務部門負責。
- 會計部負責統計各門店的員工業績和其他會計資訊。

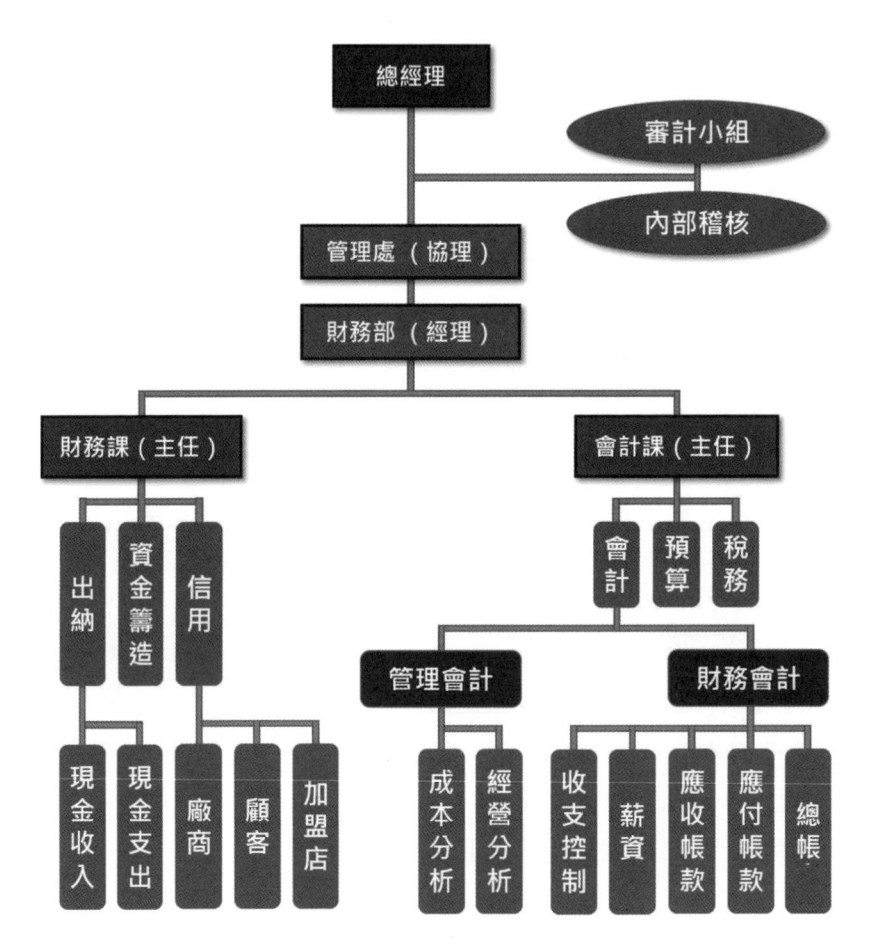

圖7.1 財務部門架構圖

7.3 會計部開店前作業

　　總公司財務部應就各單店的基本資料作一詳細記錄，完成此作業可方便日後資料查詢調閱，對往後的交接過程大有俾益。因事設人，不因人員異動而資料遺失不全。所需存留的資料如下所示，隨時保持各項資料之更新，至少每年盤點或人事異動時予以更新。

- 契約影本一份。
- 各類財產卡之建檔。
- 開辦費之總金額並附各項費用支出明細，例如：商標使用費、權利金、擔保金，以及裝潢施工費等。
- 稅捐的核定額及該店所管轄之稅捐處資料，例如：住址、電話及聯絡人姓名。
- 經營者資料卡。
- 店內人事特質、親戚或特殊設計師等。
- 該店地理位置及地點。
- 該店之競爭優勢及弱勢。
- 開店之企劃書。
- 登錄分店書報的購置方式。
- 門店租金的押金及付款方式、水電、瓦斯、管理費等費用支出方式及日期。
- 宿舍情形的描述。
- 其他特殊情況的記載。

7.4 經營分析

　　企業經營的良窳在於最終成果的顯現，讓經營及管理層主管瞭解其整體、部門與分店在某一時段的經營績效，針對分析出的績效，提出改善對

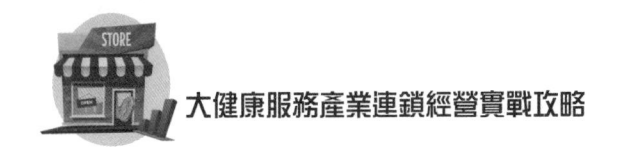

策，以達精益求精，讓主管級人員透過數字的掌握，使能瞭解現況，計畫未來。下文將區分財務分析與非財務分析兩大部分進行講解。

一、財務分析

　　財務分析的目的在於以簡單的數字比率關係分析總部及單店的經營狀況；瞭解經營上的優缺點，進而擬定完善的改進對策；以收益力分析獲利能力；以資本力、安全力分析財務狀況良否及償債能力的強弱。財務分析並不一定有一個最佳比率，主要在於不同店別的逐期比較，瞭解其營運優劣及趨勢，以便找出需要改善的分店。

（一）收益力分析

　　收益是衡量企業經營成效的重要指標，通過此類財務分析可以從多個角度評估收益的成效和穩定性。收益直接反映企業是否能持續盈利，是否具備市場競爭力，上述都是投資者與管理者最關心的核心指標。

　1. 總資產周轉率（Total Asset Turnover Ratio）

　　　公式：總資產周轉率＝總收入÷平均總資產

　　　目標：提高總資產周轉率。

　　　說明：總資產周轉率是衡量企業資產運用效率的一項重要指標，反映企業每單位資產能產生多少收入。該指標越高，表示資產利用效率越高，企業能更有效地將資產轉化為銷售收入。其中，總收入包括營業及非營業收入，平均總資產公式如下：

　　　（期初總資產＋期末總資產）÷2

　2. 資本周轉率（Capital Turnover Ratio）

　　　公式：資本周轉率＝總收入÷平均資本

　　　目標：提高資本周轉率。

　　　說明：資本周轉率是一個衡量企業資本使用效率的重要指標，用來反映企業投入的資本在一定期間內能夠創造多少營業收入。這個指標越高，表示企業的資本利用效率越好，能更有效地將資本轉化為收入。平均

資本通常包括股東權益或投入資本，公式如下：
（期初資本＋期末資本）÷2

3. 淨利率（Net Profit Margin）
公式：淨利率＝銷貨淨利÷銷貨收入
目標：提高淨利率。

說明：此指標乃針對店販商品，用來衡量企業盈利能力的一個重要指標。表示企業每賺取一元售貨收入後，能夠留下多少淨利潤。該指標反映了企業銷售效率及成本控制能力，淨利率越高，說明企業盈利能力越強。

4. 應付帳款周轉天數（Accounts Payable Turnover Days）
公式：應付帳款周轉天數＝平均應付帳款÷（進貨淨額÷360）
目標：適度延長是有益的，可以幫助企業提升資金利用效率。

說明：應付帳款周轉天數用來衡量企業從採購商品或服務到支付供應商款項所需的平均天數，可反映企業利用供應商資金的能力，也表明企業付款週期的長短。其中，平均應付帳款也應考慮應付票據，公式如下：
（期初應付帳款＋期末應付帳款）÷2

5. 人事費用率（Personnel Expense Ratio）
公式：人事費用率＝人事費用÷總收入
目標：降低人事費用率。

說明：人事費用率是一個衡量企業在營運過程中，人事費用（如薪資、獎金、福利等）相對於營業收入的占比的指標。它反映了企業在人力成本上的投入效率，並幫助管理者評估人事成本是否合理，與收入規模是否匹配。

（二）資本力分析

資本分析是企業財務分析的重要組成部分，幫助評估企業的資金結構、資本效率及財務風險，主要從以下幾個角度進行評斷。

1. 流動比率（Current Ratio）
公式：流動比率＝流動資產÷流動負債

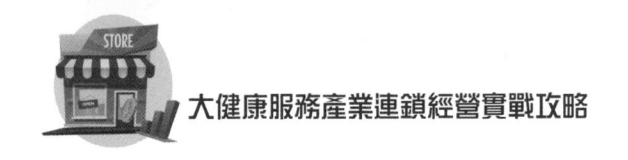

目標：依據公司財務政策，適當之流動比率約在1到1.5之間。

說明：流動比率用來衡量企業短期償債能力的重要指標。它反映了企業的流動資產對流動負債的覆蓋程度，表示在短期內，企業能否用現有的流動資產償還其流動負債。

2. 負債比率（Debt Ratio）

公式：負債比率＝總負債÷總資產

目標：依據公司財務政策，維持適當比率。

說明：負債比率是衡量企業財務槓桿和償債風險的指標之一。它顯示企業總資產中有多少比例是由負債資金提供的，反映了企業依賴負債來營運的程度。

3. 固定比率（Equity Ratio）

公式：固定比率＝資本÷總資產

目標：依據公司財務政策，維持適當比率（30%～50%）。

說明：也稱為業主權益比率或自有資本比率，可用來衡量企業資本結構穩健性的重要指標，顯示企業資產中有多少比例來自股東投資或自有資本，而非外部借款或負債。

4. 長期資金率（Long-term Funds to Total Assets Ratio）

公式：長期資金率＝固定資產÷（自有資本＋長期負債）

目標：維持在1左右。

說明：高比率表示企業的長期資本投入較大，可能意味著資本運用更穩定，對長期資金的依賴度較高。低比率表示企業可能較少依賴長期資本，用於投資固定資產，或者企業更多地將資金投入流動資產，更多依賴外部短期融資來營運。

（三）安全力分析（Safety Strength Analysis）

安全力分析是一種財務分析方法，用於評估企業在面臨外部或內部不確定性時的財務抗風險能力。

公式：經營安全力＝1－（損益平衡點營業額÷營業收入）

其中：損益平衡點營業額＝固定費用÷（1－變動費用比率）

變動費用比率＝變動費用÷營業收入

說明：代表營業收入超出損益平衡點的比例，即安全邊際比率。數值愈高，表示企業能應對銷售下降的風險越大。

二、非財務分析

在經營分析中，財務分析得到的是滯後指標。為了快速反應市場變化，非財務分析項目所得到的營運前期的指標，能幫助企業從顧客、內部營運到市場競爭進行多維度的分析，從而制定更具針對性的策略。在分析這些非財務指標時，建議結合數位技術（如商業智慧工具）進行整合和可視化，方便快速發現問題和調整方向。以下是適合連鎖經營企業的重要非財務分析項目：

（一）顧客相關指標

本相關指標用來衡量企業在滿足顧客需求、提高顧客滿意度和忠誠度方面的表現。這些指標不直接反映財務數字，但卻能有效地預測企業未來的盈利能力和市場競爭力。

1. 顧客滿意度

收集顧客對產品、服務、店面環境等方面的反饋，衡量是否達到顧客的期望。使用工具如：問卷調查、網路評論分析（如線上評論平台、社群媒體回應）。

2. 顧客忠誠度

分析顧客回頭率、會員續約率、推薦意願（如NPS，淨推薦值）。測量品牌是否建立了穩定的顧客群。

3. 客單價與流量

觀察顧客平均消費金額和進店人次，了解顧客行為模式。可以與分店地區、行銷活動成效對應分析。

（二）營運效率指標

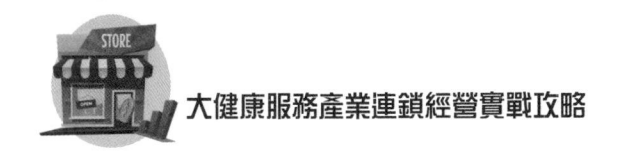

相關指標用來衡量企業在資源利用、流程運作和員工效率方面的表現。

1. 標準操作一致性

稽核各分店是否遵守品牌標準（例如：服務流程、產品品質、衛生規範）。利用無預警稽核或第三方檢查機制。

2. 供應鏈與物流效率

評估貨物配送的準時性、成本效益和庫存周轉率。減少供應鏈中的瓶頸和資源浪費。

3. 人力資源效能

分析員工流動率、工時利用率與培訓成效。低流動率與高效率的人力資源通常代表良好的內部管理。

（三）產品與服務指標

1. 品質一致性

檢查各分店服務和商品品質是否達到統一標準。客訴率或產品退換率也是重要參考指標。

2. 創新與產品迴響

評估新產品的接受度與市場表現，了解顧客的喜好變化。透過銷售資料與顧客反饋進行循環分析。

（四）市場與品牌健康指標

1. 市場占有率

測量品牌在目標市場的競爭地位，與主要競爭對手進行比較。資料來源涵蓋市場調查與行業報告。

2. 品牌知名度與美譽度

追蹤品牌在顧客心中的形象，使用社群媒體提及量、口碑調查等方式進行分析。

3. 廣告與行銷效益

分析行銷活動（如促銷、廣告）對品牌知名度與銷售的實際影響度。衡量每次行銷投入的回報、廣告投資回報率（Return on AD Spending，

ROAS）。

(五) 環境與社會責任指標

1. 永續經營

追蹤企業在能源使用、廢棄物管理、環保材料應用等方面的表現。可與國際認證或行業標準對比（如ISO 14001環境管理）。

2. 社會影響力

評估企業的公益活動參與度及對社區的貢獻，例如：贊助當地活動或創造就業機會。

(六) 競爭分析與區域性表現

1. 分店競爭力

分析分店在區域市場中的吸引力，例如：地理位置優勢、顧客滲透率。與競爭者的比較，例如：價格、服務特色等。

2. 地區差異分析

探討不同地區分店的銷售與非銷售表現，找出差異原因並進行改進。

7.5 總部與分店的兩套會計制度

連鎖企業的會計制度與原則通常區分為總部和分店兩大部分，這主要是因為兩者在功能定位、責任範圍和業務需求上有所不同。表7.1顯示區分的原因：

表7.1 區分總部和分店會計制度的主要原因

主要原因	說明
功能定位不同	• 總部負責整體企業的決策、資金調配、策略規劃等，需統籌管理所有分店的財務運作，提供精確的企業財務報告和分析 • 分店主要聚焦於營運活動，記錄日常銷售、庫存管理和基礎財務資料，為總部提供基層的財務資訊

責任分工	• 總部負責的是整體財務管理和監控，包括編製合併報表、內部控制和稽核等 • 分店負責本地的經營收入、支出記錄和庫存管理，並將資料上報總部以供整體合併
營運效率與標準化	• 為提升效率，分店的會計制度通常較為簡化，側重基礎記錄（如銷售和存貨），而總部進行深度的財務分析和決策支持 • 標準化的會計原則能確保分店資料格式和內容的一致性，以便總部匯總和審核
特許經營的需要	• 對於加盟店模式，分店的財務系統可能是獨立運行的，需根據特許經營協議向總部提供財務報表。這樣有助於界定總部和加盟商之間的財務責任

總部與分店的會計制度存在差異有助於明確職責分工，提升營運效率和資料處理的精確性，見表7.2。

表7.2 總部與分店的會計制度差異

項目	總部	分店
會計角色	策略管理、資源配置、監控與分析	日常經營資料記錄與初步報告
會計職能	財務報表合併、資金調度、稅務管理	銷售記錄、庫存管理、基礎會計處理
資料細緻度	高度細緻，包含多分店的整體資料分析	基本財務資料（銷售額、支出、庫存變化）
記帳系統	使用全面的企業資源規劃系統，支持合併財務報表	簡化的記帳系統或POS系統以記錄銷售與支出
稽核與監控	內部稽核頻率高，重點在資金流向與合規性	簡單稽核，確保交易記錄準確、符合總部標準

財務報告	編製企業整體財務報告，提交管理層或外部審計	提交分店經營報表給總部
會計原則	依據法規和會計準則設計，考量多分店的整合需求	簡化流程，遵循總部標準，少有複雜分析

分店更偏向於基礎資料記錄，而總部則負責整體的財務規劃與管理。這種設計能夠平衡分店的簡化運作與總部的精細化管理需求，最終實現財務透明與標準化，見表7.3之實際應用中的差異舉例。

表7.3 實際應用中的差異舉例

項目	總部	分店
銷售資料處理	匯總所有分店的銷售資料，結合其他財務資訊，計算企業的總營收與利潤	每天記錄銷售額，通過POS系統自動生成資料，記錄基礎收入與成本
支出與採購	進行集中化的採購計畫，並監控分店的支出與成本是否在預算範圍內	僅記錄日常營運支出（如水電費、物料費）和庫存需求，採購可能由總部統一處理
稅務與合規	依據所有分店的財務資料編製合併報表，處理稅務申報和合規性事宜	不負責申報稅務，僅提交所需資料給總部

所有分店的門店會計制度所使用的會計科目名稱與編碼需統一，這對於財務管理和資料分析來說非常重要。統一科目名稱有助於提高資料的可比性、準確性和管理效率，也便於編製合併財務報表。

連鎖企業的門店會計制度是針對分店營運設計的一套財務處理規範，其核心目的是支持門店日常經營，保障財務資料的準確性和合規性。因此，門店會計制度需要簡單、操作性強，同時便於總部進行統一管理與分析。

7.6 連鎖企業的稽核制度特點

連鎖企業的稽核制度是確保企業運作效率、合規性以及品質一致性的重要工具。因為有監管或稽核，在營運上比較不會出現弊端，這種現象在心理學或管理學上被稱作霍桑效應（Hawthorne Effect），即人們在知道自己受到觀察時會表現得更好或更符合規範。連鎖企業的稽核工作更強調營運標準的一致性、現場管理與加盟店監管，並且需要兼具專業能力與實務經驗。而一般公司的稽核更聚焦於財務與內部控制，專業技術需求較高，但對現場管理的涉入相對較少。

一、多分店營運模式的挑戰

連鎖企業通常擁有多個分店，稽核對象包含各分店的營運、財務、存貨等多方面。稽核制度需能適應多地點分散的特性。為有效管理分店，連鎖企業通常建立專門的稽核團隊，負責對各分店進行巡迴稽核。

二、稽核制度的標準化

連鎖企業需制定統一的稽核標準與操作流程，確保各分店按照統一規範執行。每次稽核需依照標準稽核清單進行，涵蓋收銀系統、存貨管理、員工操作等核心環節。

三、重點關注領域的差異

連鎖企業稽核更關注分店是否遵循公司制定的營運規定，例如：促銷活動的執行是否符合規範、顧客服務標準是否達成。分店的現金收付、帳款處理和資金上繳是稽核重點，特別是防止員工舞弊或資金流失。由於多數連鎖企業有大量商品流通，稽核需定期檢查存貨記錄與實際庫存是否一致，以防止偷竊或損耗。

四、稽核方式的差異

連鎖企業通常定期派專員到分店進行現場稽核，檢查內部流程、庫存及財務記錄。透過企業資源規劃系統和銷售時點情報系統，總部可隨時監控分店的銷售資料、庫存數量，以及異常操作，實現遠程稽核。連鎖企業常採用無預警突擊檢查的方式，以確保分店平時的營運符合規範。無預警稽核成功的關鍵在於平衡稽核的威懾力與員工的接受度，同時結合定期稽核與教育培訓，打造更加健康的管理環境。

五、稽核結果的反饋與改進

稽核後，總部會對分店發出整改通知，要求在規定時間內完成改進並再次驗收。稽核結果通常與分店負責人或管理團隊的績效考核聯結，以提高稽核的約束力。

六、加盟店的稽核

由於加盟店營運獨立性較強，總部需透過合約約定對加盟店的稽核權限，並確保稽核範圍不侵犯加盟商的經營自主權。確保加盟店遵循品牌標準，包括產品品質、服務水準及品牌形象。

七、稽核系統的技術支援

透過巨量資料分析和監控系統，及時發現銷售異常、庫存問題或現金管理漏洞。採用電子稽核表、雲端管理系統，在提高稽核效率的同時也一併減少人工操作所產生的錯誤。

八、稽核的頻率與策略

由於分店數量多且管理複雜，稽核通常以季度或月份為單位，必要時實行更高頻率檢查。集中稽核資源於高風險分店，例如：新開分店、銷售額異常的門店或記錄上問題較多的分店。

7.7 門店財務稽核管理辦法

本單元將針對直營連鎖和授權連鎖兩種模式的分店列舉財務稽核管理實務。本稽核作業之範圍包括下列三種，採分層、分段、牽制、互核方式。

一、稽核方式

（一）事前稽核

對於憑以付款之單據、原始憑證、記帳憑證加以審核後方得付款，並特別注重現金收支控制功能之發揮。

（二）事後稽核

對於付款後憑證之核對、帳表、科目的複核，異常會計科目的清理，異常收支金額的查核。

（三）不定期稽核

不定期突檢各單店之收入、支出、存貨，以及財產等是否名實相等。

二、收入稽核

每日繳交的現金收支日報表、重要報表、現金、有價券及其他原始憑證需相互稽核。作廢發票率：「作廢發票金額（次數）除以帳面金額（發票數）」，稽核收銀員是否以作廢發票暗自作弊。

三、零用金稽核

稽核人員應先查明單店零用金額、可支出的用途別、經管人員等基本資料。審核零用金時，應先實地盤點現有存結的零用金數額，是否等於零用金總額，即現金加上憑證等於零用金總額。零用金的補充收入金額是否與總部財務部門支出傳票補充金額相符。查核各項支出的性質、用途、金額及處理程序，是否與規定相抵觸。檢查已支付憑證單據是否經主管審核。

四、進退貨審查

　　核算數量乘上金額之總貨款是否正確。審核發票或收據抬頭、金額是否正確；進貨驗收單上的品名、數量、單價、金額與發票是否相符；折讓金額是否合理；退貨金額是否正確並確記扣除貨款。注意（總部）支出傳票金額及受款人是否與憑證相符。

五、應收帳款審查

　　稽核人員應依據明細表，總帳及有關報表審查。稽核各單店的應收帳款，包括服務收入及商品收入。

六、存貨稽核

　　稽核人員應根據存貨帳面價值進行實地盤點。檢查各店倉庫及貨架之商品保存管理方式是否符合規定。

七、滯銷品管理稽核

　　稽核人員應先瞭解滯銷品發生的原因、數量等有關資料。檢查滯銷品發生後是否有專案處理辦法？是否確實處理？

八、固定資產增置審查

　　稽核固定資產之增置是否經總部權責單位核准？單店固定資產實際品項及數目是否與帳面相符？

九、固定資產報廢審查

　　審查固定資產之報廢是否經總部權責單位核准。查核固定資產報廢申請單與固定資產明細帳，並相互核對有無遺漏錯誤。未屆年限即行報廢的資產，應詳列原因，查核有無怠忽職守之處。報廢資產應即予處理或出

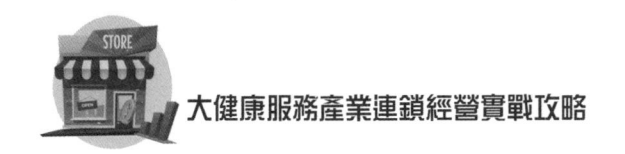

售。因竊盜或人為災害而報廢之資產，應詳列原因，查核有無怠忽職守之處。對意外事件報廢資產時，應於15日內檢附有關文件向稅捐機關報廢。

十、商品銷售審查

　　針對門店所賣的各項商品，審核出售單價是否依規定、毛利是否依規定，以及銷售價格是否過高或過低。

十一、經營成果審查

　　審查各店營業額是否異常。來客數是否減少、平均客單價是否降低、毛利淨利是否異常，以及各店費用是否異常等。

第八章 物流管理

物流對連鎖企業成功的影響不言而喻，包括五大核心功能，即供應、運輸、倉儲、配送與逆向物流（Reverse Logistics）。物流不僅是將商品從供應商以高效、經濟及標準化方式，經由物流中心與配送中心運送到門店或消費者手中的過程，更是連鎖企業維持競爭優勢，還是提升門店與顧客滿意度的關鍵因素。以下列舉連鎖企業內部使用關於物流管理文件的名稱：

- 物流部手冊
- 物流部經理職位說明書
- 物流產品訂購表
- 送貨車輛管理（或車輛維護與保養規範）
- 送貨員管理（或客戶配送服務規範）

8.1 物流管理流程

連鎖企業的物流對象通常是分店。總部需要建立並維持一份《物流部手冊》，明確物流部門的定位與使命、組織架構、規範各項作業流程（附流程圖），以及提供各種配合的表單和報表格式等。部門組織架構包括各職位與職責，物流部經理的職權較重，因此另以《物流部經理職位說明書》詳細寫明。物流的流程可以分為多個步驟，列舉如下：

1. 計畫與需求分析

基於銷售資料與季節性需求等預測各地區和各分店的需求量，制定物流資源計畫，包括：車輛、倉儲、人力。

2. 申請單處理

分店查閱商品目錄中貨品，利用「物流產品訂購表」申請進貨，總部接收訂購單並確認貨品名稱、數量、規格和交貨日期，生成配送任務，根據地點和優先等級分配資源。連鎖企業處理來自各分店的商品或物料申請單時，需要在效率和成本之間找到平衡點。表8.1列舉兩種處理方式的優缺點：

表8.1 兩種處理方式的優缺點

	批次處理	即時處理
優點	• 降低物流成本 • 簡化操作流程 • 便於計畫管理	• 反應速度較快 • 靈活性較高 • 減少需求預測
缺點	• 反應速度較慢 • 增加延遲與庫存積壓風險	• 增加物流成本 • 操作流程複雜

3. 物資採購與供應

選擇已知的供應商，確保所需物資或商品的採購和供應到位，而且無需每次簽訂採購合同。進貨時確實做到商品驗收與記錄。

4. 倉儲管理

商品進入倉庫後進行儲存與管理，其中包括：入庫作業（檢查、分類、上架）、庫存監控與出庫準備（根據訂單揀選商品並包裝）等。分類作業可配合ABC管理，財務部負責庫存盤點，門店也需配合盤點作業。

5. 運輸與配送

以高效和低成本方式，將商品從倉庫運輸至終端用戶或中轉點。根據訂單需求制定合理的運輸路徑和時間表，安排適合的運輸工具（陸運、海運、空運等）和數量。檢查運輸車輛的狀態，確保配送安全。運輸過程中使用衛星定位、射頻辨識技術（RFID），或物聯網設備進行運輸監控，直至商品運輸至客戶指定的地點。

6. 交付與簽收

商品交付給客戶後簽收，完成電子或紙本記錄，並收集客戶回饋資訊。

7. 退貨處理

目標是減少浪費、創造額外價值。首先進行逆向物流，收集客戶退貨原因並加以分類，提出解決或處理方式。進行商品檢修，以期再利用和減少浪費。

引進新產品時，需要進行員工教育訓練，以便熟悉商品的規格、儲存方式，以及包裝方法等。新加盟店剛開業，因為涉及大量物資，配送所有物品是一個需要精心計畫的過程。總公司與加盟店需共同擬定首批配送清單，包括：主打商品、配套物資，以及開業活動所需的特殊商品等。之後，進入物流配送流程。

分析與優化物流過程中的各項成本（運輸、倉儲、人力等），並設立關鍵績效指標（KPI），例如：退貨率、配送準時率、物流成本占銷售比例，以及庫存周轉天數等，以監控物流營運效率，並持續改進與優化整體流程。

在物流管理實務中，潛在風險可能來自於內部操作、外部環境或技術層面的不確定性。防範與解決策略如完善系統設計、提升員工技能，以及明確操作流程。

8.2 物流部組織與職責

只有大規模或因營運需要的連鎖企業才會成立專門的物流部。如果不成立物流部，就需選擇外包物流或由其他部門兼任物流職責。倘若企業規模較小，可以讓各分店根據實際需要自行管理物流業務。每個分店根據其所在地點的需求來安排運輸、倉儲和配送工作。在此情況下，總公司仍需制定統一的物流標準與流程，以確保各分店的物流操作符合企業整體要求。

為了提升營運效率、降低成本，以及提高顧客服務品質，連鎖企業需要成立物流部。不但可以保障物流業務，還可以實現競爭優勢的核心驅動力，尤其是在物流成本比例較高的行業，例如：零售與餐飲業。圖8.1是物流部一個建議的組織架構圖。

總公司成立物流部後，為了確保物流運作順暢且高效，通常會根據業務需求和規模，將物流部門細分為若干課級單位。表8.2是一些常見的課級單位及其職責：

物流管理 第八章

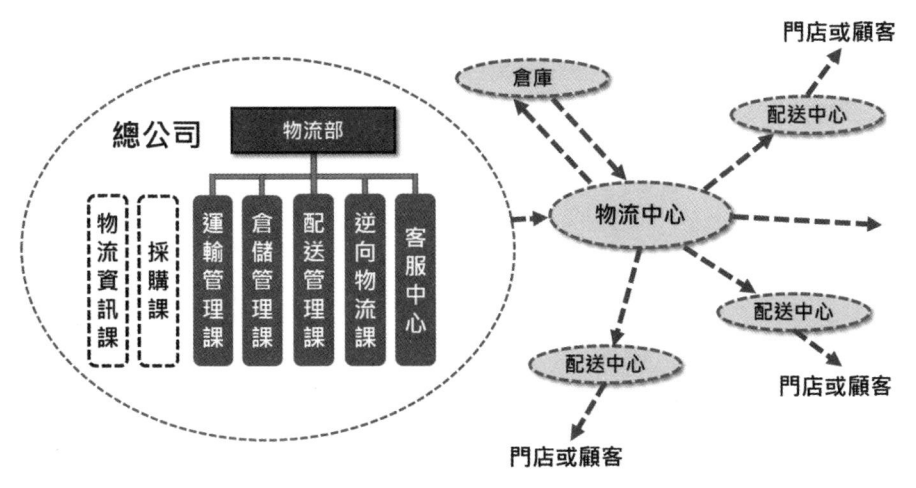

圖8.1 物流部的組織架構

表8.2 物流部轄下各課級單位的職責

單位	職責
運輸管理課	• 負責所有商品的運輸規劃 • 運輸路線優化，降低運輸成本 • 承攬貨運，選擇適合的運輸合作方 • 管理自有或租賃的運輸車隊 • 平時車輛的維護和保養 • 安全運輸和安全宣導
倉儲管理課	• 負責商品的入庫、出庫 • 一般倉儲管理，含收貨與驗貨 • 設計倉儲布局，提高倉儲利用率 • 庫存盤點，確保庫存準確性 • 處理退貨商品的入庫、檢驗和返還
配送管理課	• 負責商品的配送規劃 • 根據訂單資訊，規劃配送路線 • 管理配送人員，確保配送服務品質 • 跟踪配送過程中的貨物狀況 • 處理配送過程中遇到的問題，如延遲、損壞等

249

逆向物流課	• 處理顧客退回的商品 • 進行商品檢驗、入庫和處理 • 維修的回收商品、再製造與再利用 • 廢棄物如包裝材料的回收和處理
客服中心	• 協助客戶查詢訂單狀態 • 解決客戶的問題和投訴 • 處理配送延遲、損壞等問題 • 提供退換貨服務

　　物流部非常仰賴採購功能，可以考慮在物流部下面設立採購課，但這樣一來，總公司就會有兩個「採購課」編制，而且部分業務重疊。兩個採購課的合併或獨立取決於企業的組織目標、營運規模和管理需求，各有其優勢與挑戰。企業可以根據現階段需求採取分開管理，隨後在系統和流程成熟後考慮整合，以達到更高效的運作模式。

　　小型公司可以將「運輸管理課」和「配送管理課」合併在一起，成立單獨的「物流運輸課」，統籌管理所有運輸和配送業務，形成倉配一體化模式（Warehouse-Distribution Integration）。此兩個單位的功能相近，但兩者之間仍有細微差異。運輸管理課負責的路徑涵蓋從供應商到物流中心或倉庫，再到配送中心，而配送管理課主要負責從配送中心到門店（或客戶）這最後一哩路。因此之故，如果業務規模大，需求複雜且領域專業性強，為了反應速度快，則適合分開。

　　物流中心是一個綜合性設施，執行包括儲存、分揀、配送、流通加工、包裝以及資訊管理在內的多項物流功能。配送中心則專注於商品分揀和短期配送的物流設施，主要負責按照門店或客戶需求對商品進行分配和配送，服務於近距離或特定區域的物流需求。

　　物流作業也需要物流資訊的大力支持，如果在物流部成立「物流資訊課」，又會與管理處的資訊部功能重疊，這裡也需要進行兩個單位合併與

分開的決策。有條件的企業應該成立由「物流中心」與「配送中心」組成的物流網路，並在客服中心內部成立「客服中心」（Call Center）。客服中心是一個專門處理來電和發出電話的集中辦公室，其功能包括：顧客服務、促進銷售、技術支援、投訴與反饋管理、市場調查與資料收集，以及危機應對等。

8.3 物流的成功要素

物流如何影響連鎖企業的成功？用一句話來概括，即高效的物流系統可以整合供應鏈上下游資源，為企業帶來可持續的競爭力。物流管理是供應鏈管理的一部分，專注於商品的運輸、儲存與配送。供應鏈管理則涉及整個產品從供應商到最終使用者的全過程，涵蓋從原材料採購、生產計畫、庫存管理、配送到客戶服務的所有環節，而且更加關注多個企業之間的協同與整體合作網路的效率。以下列舉物流的四個成功要素：

一、提升分店或顧客的滿意度

透過精準的物流系統，確保商品能準時送達分店或消費者手中，滿足分店需求或提升顧客的購買體驗。良好的物流管理能有效保護商品，確保收到的商品品質完好。快速、便捷的退換貨流程有助於提升分店或顧客對品牌的信任度。

二、降低物流過程中的成本

透過電腦演算法輔助規劃路線，減少運輸成本。合理化訂單批量、避免過多或過少的庫存，降低倉儲成本。導入自動化設備和資訊系統，提升物流效率，降低人工成本。比較在公司內部成立物流部或使用第三方物流的成本後進行決策。

三、智慧化以提升供應鏈效率

利用物流資訊系統，實現供應鏈各環節的資訊共享，提高供應鏈的反應速度。精準的銷售預測和庫存管理，減少庫存積壓，降低資金占用。建立多元化的供應商體系，降低供應鏈風險。

四、強化品牌形象的目標

優質的物流服務能提升品牌形象，讓分店或消費者對品牌產生信任感。靈活的物流系統能快速響應市場變化，推出新產品或調整銷售策略。

8.4 連鎖企業物流管理的特色

連鎖企業的物流管理更強調集中化、標準化、高頻小批量配送和智慧化管理，並以滿足門店需求和客戶體驗為導向。這些特性有助於連鎖企業在市場競爭中保持靈活性和效率。

一、集中化的物流運作

連鎖企業通常採取集中採購和配送模式，通過統一的物流中心進行商品的分配與管理，降低採購成本和運輸費用。由於採購和運輸量大，產生規模經濟效益，能更好地與供應商和運輸商議價，降低貨品與物流成本。

二、標準化流程

連鎖企業的物流環節，如倉儲、分揀與配送等，均需高度標準化，以保證各門店商品的供應一致性。統一的操作標準有助於提高效率並減少出錯率。

三、自動化與智慧化營運

連鎖企業通常使用先進的資訊技術，例如：企業資源規劃系統、物流資訊系統，以實現對物流環節的精準監控和管理。即時資料共享和分析有助於快速響應市場需求，如庫存補貨、調整配送路徑等。隨著電子商務的發展，連鎖企業越來越多地採用「線上到線下」一體化物流模式，支持門店提貨、快遞到家、即時配送等多種交付方式。此特性使物流系統更具靈活性並擴大覆蓋範圍。

四、高頻率的小批量配送

由於連鎖門店通常面積有限，使得庫存空間也受限，物流系統需支持頻繁的小批量配送，以保證商品的充足供應而不造成庫存積壓。此部分工作可以參考快遞事業。

五、區域性的物流布局

連鎖企業往往根據市場分布設置多個區域配送中心，減少配送時間和成本，以提升物流效率。地區化的物流網絡有助於快速響應本地市場需求。

六、門店需求驅動

物流運作以門店需求為核心，根據門店的銷售資料進行動態補貨，實現「零庫存」或「低庫存」模式。門店資料即時回傳，使成為物流營運的決策基礎。

8.5 物流資訊系統

物流資訊系統支持物流過程中的資料收集、處理、傳輸和管理的綜合性系統，旨在提升物流營運效率、降低成本並提高客戶滿意度。它將資訊技術應用於供應鏈的各個環節，實現物流作業的數位化與智慧化。在資料

收集方面，此系統可通過各類設備，例如：條碼掃描器、射頻辨識技術，以及物聯網感測器等，收集物流運作中的相關資料，包括：庫存數量、運輸狀態和訂單訊息等。在資料處理方面，主要提供下列四個子系統：

訂單管理系統（Order Management System，OMS）
倉庫管理系統（Warehouse Management System，WMS）
運輸管理系統（Transportation Management System，TMS）
退貨管理系統（Returns Management System，RMS）

一、訂單管理系統

本模組或子系統接收來自多來源的訂單，例如：線上商店、電話或門店。確認訂單的內容，包括：商品數量、規格和交貨地點等。檢查庫存是否能滿足訂單需求。將訂單分配至適合的倉庫或物流中心。自動生成配貨單，並指引倉庫作業（揀貨、包裝）。實時更新訂單狀態，包括：處理情況、發貨與否，以及配送進度。向客戶提供查詢和追蹤服務，記錄客戶付款訊息，與總公司財務系統對接以進行結算作業。支援多種支付方式，例如：現金、信用卡，或電子支付等。處理客戶退貨、換貨或投訴。

二、倉庫管理系統

在接收來自供應商或生產部門的貨物後，驗收貨物的數量與品質，檢查是否與訂單匹配。系統自動生成入庫記錄，根據貨物特性（大小、重量、保存條件）分配最佳儲位。確保倉庫空間的最佳化利用，降低營運成本。根據訂單需求生成揀貨單，提供優化路徑指導，支援批量揀貨，以減少揀貨時間。實時更新庫存資料，確保庫存的準確性。定期或隨時進行盤點，發現庫存異常並及時處理。根據配送計畫準備貨物，進行打包、貼上標籤和核對，以確保出貨準確無誤。記錄出庫資料，隨時更新庫存資料。驗收退回的商品，分類為可再銷售或損壞報廢。提供庫存報表、周轉率與作業績效分析報告。

三、運輸管理系統

　　根據訂單需求制定運輸計畫，包括：設計路線、選擇運輸模式和分配資源。優化裝載率，降低運輸成本。將訂單分配給適合的運輸工具（貨車、船舶、航空等）。依照時效需求安排運輸時間與優先順序。發送運輸指令給司機或運輸供應商，確保貨物裝載、發運與交付按照計畫進行。使用衛星定位或物聯網技術即時追蹤貨物位置，監控運輸過程中的異常情況（延誤、損壞等）。記錄運輸成本並與運輸供應商對帳，而且支持多種結算方式與費用分攤。收集運輸過程資料（包括：燃料消耗），分析成本、時效與運輸路線。持續改進運輸策略，以提升運輸效率。

四、退貨管理系統

　　門店或客戶提出退貨請求後，系統根據退貨政策審核並生成退貨授權碼。記錄退貨原因（商品損壞、不滿意、錯發等）與相關細節。透過運輸管理系統，安排退貨取件或接收。根據退貨地點與數量優化物流路線與資源。關聯到倉庫管理系統，接收退回的商品。檢查退回商品的數量、品質與狀態，確認是否符合退貨授權條件。根據檢查結果將退回商品進行以下分類：

可重新上架：將狀況良好的商品重新納入庫存。
需維修：安排維修後再投入市場。
需回收：將商品回收或拆解處理。
報廢：無法再利用的商品進行環保處理。

　　更新庫存資料，將合格商品重新入庫。針對維修或再利用的商品，安排進一步的處理。根據退貨政策處理客戶退款、換貨或補償。記錄退貨成本與結算細節，與財務系統進行同步。提供退貨率、原因分析與成本報表。識別退貨原因與潛在問題，為改善產品品質與服務提供依據。

五、其他功能

物流管理系統的功能模組會根據行業和企業需求進行擴展與客製化。這些附加功能不僅提升供應鏈效率，還能為企業創造競爭優勢。特別是在連鎖經營企業的物流管理中，可以強調這些功能如何助力連鎖企業優化物流作業，實現成本控制與服務提升的雙重目標。以下列舉物流資訊系統的附加功能：

- 供應商管理
- 資產管理
- 即時事件管理
- 客戶關係管理
- 專案物流管理
- 財務管理
- 分銷管理

8.6 物流的運作模式

物流運作模式是指物流系統中資源、資訊與物資的流動方式，目的是實現高效的商品流通和服務以滿足需求。物流運作模式根據業務性質、功能定位和技術應用，可分為下列多種形式。物流的運作模式並無絕對的優劣，企業應根據自身業務需求、資源條件和市場特性，選擇適合的物流模式，並依據實際情況靈活組合多種模式，以實現物流效率最大化和成本最小化。

一、直送模式

供應商或生產商直接將貨物送達終端客戶或門店，而不經過中間節點（如倉庫或配送中心）。此種模式時效性強，適合高價值、時效性要求高的產品，例如：生鮮食材、電子產品。缺點是成本較高，且需要精確的需求預測。

二、集中式物流

以集中管理的物流中心為核心，統一收集、儲存和分配商品，服務於

多個區域或終端。此種模式適合需求穩定、產品種類繁多的業務,例如:大型連鎖超市的全國性供應鏈管理。優點是降低儲存與管理成本,實現規模經濟。缺點是配送範圍較廣,時效性可能受影響。

三、分散式物流

此種模式將商品分散儲存於多個配送中心,根據區域需求快速響應並配送,適合生鮮配送服務,以及區域性連鎖店供應。優點是靠近客戶,縮短配送時間,提高靈活性。缺點是儲存和管理成本較高,對需求波動較為敏感。

四、共同配送模式

多家企業(包括:連鎖公司、供應商、經銷商、代理商、加盟商,以及其他企業)共享物流資源(如倉庫、配送中心和運輸工具),施行商業區內商店的集中配送,以實現資源整合和降低成本,例如:零售業中多品牌的統一配送。此種模式的優點是節約物流成本,提升資源利用率。缺點是協調難度大,還需解決合作方之間的成本分攤問題。

五、第三方物流

企業將部分或全部物流業務外包給專業的物流公司,由第三方提供儲存、運輸、配送等服務。此種模式適合於電子商務平台的大量訂單處理。優點是降低企業物流營運負擔,專注核心業務,以及第三方物流(Third-Party Logistics,3PL)公司具備專業技術和規模優勢。缺點是存在對外包方依賴的風險。

六、第四方物流

第四方物流(Fourth Party Logistics,4PL)是指企業將物流供應鏈的整體設計、協調與管理外包給專業的服務公司。此公司通常為供應鏈整合

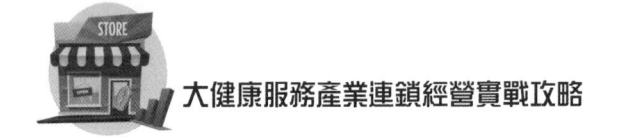

商,負責整合多個第三方物流供應商、技術平台和企業內部資源,提供端到端的供應鏈解決方案。第四方物流公司不僅執行物流業務,更加專注於供應鏈的策略規劃、系統優化和資源整合。採用此種模式的優點是全面優化供應鏈、專業的供應鏈管理、風險管理能力強、資訊技術的高度應用,以及連鎖企業可以將更多的資源和精力投入到核心業務上。缺點是成本較高、存在資訊安全隱患、整合難度大、容易產生依賴性,以及缺乏物流控制權。

七、即時配送模式

即時配送模式(Just-in-Time Delivery,JIT)或稱「零庫存」,最早由日本的豐田汽車公司(Toyota Motor Corporation)開始實施並推廣,此乃根據訂單需求,按需生產並直接配送,避免過多的庫存積壓,適用於餐飲外送服務(如外賣平台),以及製造業的零部件即時供應等。優點是庫存壓力小、資金周轉快,但缺點是高度依賴供應鏈的快速響應能力。

8.7 現代化物流

「工欲善其事,必先利其器」,隨著科技的發展,物流管理也將不斷創新,為連鎖企業帶來更多的發展機會。下文列舉以下近年來較為先進的物流管理觀念和技術:

一、供應鏈的整合與協同

將不同的供應鏈體系串聯在一起是為整合模式,而以一家第四方物流企業為主體,聯結所有的供應鏈體系,成為一個星狀結構,是為協同模式。透過資訊共享、流程整合、協同決策等方式,聯結供應鏈上的各個環節,例如:供應商、製造商、物流商、零售商,以及門店等,實現資源優

化配置，並提高整體效率和效益。

二、預測需求以調整庫存

基於巨量資料（大數據）分析、資料探勘、商業智慧工具、儀表板、雲計算，以及人工智慧（機器學習）等先進資訊技術的支持，並且利用歷史資料與市場趨勢，進行各地區、各分店以及各產品的需求預測分析、識別潛在的延誤，並提出改進建議。協助企業制定採購、生產和配送計畫，減少庫存積壓與短缺，實現動態調整庫存與需求。預測機制還可應對風險，針對不同風險制定詳細的預防方案。

三、倉庫自動化的支持

引進自動化設備，例如：自動分揀系統、自動導引車（Automated Guided Vehicle，AGV）、揀貨機器人（Pick-by-Robot）、自動駕駛技術，以及人工智慧技術等，以減少人工操作和重複流程，提升倉庫作業的效率和準確性。整合物聯網裝置，提供連接設備的即時資料，例如：生鮮食材物流中的溫度感測器。

四、應用區塊鏈技術

區塊鏈（Block Chain）技術的核心特性包括去中心化、透明性、不可篡改性和可追溯性，這些特性在物流管理中提供了革命性的應用潛力。區塊鏈技術能夠優化供應鏈流程，提高營運效率，並增強供應鏈的透明度與信任度。本項技術適用於逆向物流、第四方物流，以及供應鏈的整合與協同情境等。

五、雲端計算與數字孿生技術

雲端計算可提供集中化的資料儲存與計算、即時追蹤與資料分析能力，支持物流管理的全球與即時協作。實際應用如提高了供應鏈透明度，

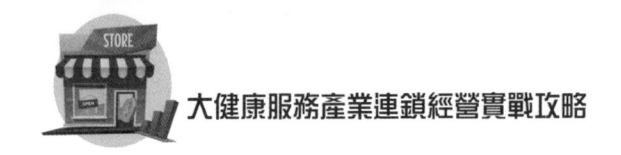

並大幅降低了運輸過程中的錯誤率和成本。數字孿生（Digital Twin）通過虛擬模型模擬物流流程，可預測營運中的潛在問題並進行優化。實際應用案例如模擬倉儲營運，以減少瓶頸和資源浪費。

六、全球化連鎖經營物流

全球化連鎖經營物流是指跨國企業為支持其全球業務營運，設計、管理和優化覆蓋多國的物流系統和供應鏈。這種模式需滿足多地市場需求，明瞭各國物流的法規與文化差異，協調複雜的跨境物流環節，規避跨國供應鏈的風險，同時兼顧成本效益和服務效率。

七、綠色物流管理

推動企業的可持續發展，在商品生產與物流過程中，尤其是逆向物流環節，貫徹低碳的物流策略，記錄與分析碳排放資料，並提供碳足跡報告和減少對環境影響的解決方案。使用環保包裝、資源可循環利用，並達到連鎖經營企業的ESG物流管理。

第九章 成功案例

大健康服務產業連鎖經營實戰攻略

　　本書作者許瑞林老師是一位專業的美髮美容連鎖業資深顧問，擁有多年實戰經驗，輔導成立近百家連鎖品牌，在海峽兩岸成功拓展與營運升級。透過精準的市場分析、創新的經營策略、嫻熟的諮詢技巧，以及高效的團隊培訓，幫助企業與個人實現從單店到連鎖的跨越式成長。下文即舉出一小部分的成功案例，說明成功是可以複製的！

9.1 武漢美麗椰島美容美髮有限公司

　　武漢美麗椰島（YESIDO）美容美髮有限公司是一家專業的美容美髮連鎖管理企業，1992年由曹騁先生創辦，經過十年如一日的努力，從武漢地域性品牌發展成遍佈全國十幾個省市的直營品牌，也從一個品牌向更多領域滲透，迄今全國展店379家，其門店多選址於城市核心商圈，以高端、專業形象著稱。

　　謀求在新時代機遇下的全方面發展，主要推展「YESIDO椰島造型」、「YESIDO椰島造型BLACK」、「YESIDO椰島美容」、「GRAZIOSA歌蘭秋莎美容」、「DUSSEIN德頌吉造型」、「Bejoined碧嬌」，以及「ARLENE SALON」等。見圖9.1、圖9.2與圖9.3。

　　椰島人30年來，持續深耕美容美髮領域，通過技術創新與數位化轉型

圖9.1 YESIDO SALON武漢店（感謝武漢椰島美容美髮有限公司提供）

成功案例 第九章

圖9.2 YESIDO SALON西安店（感謝武漢椰島美容美髮有限公司提供）

圖9.3 AMMA造型武漢國際廣場店（感謝武漢椰島美容美髮有限公司提供）

提升用戶體驗，致力於成為國際化美容健康服務集團，始終堅持「專業，專注，工匠精神」的經營理念，服務著數以百萬計的會員客戶。讓國人美麗起來是椰島一貫的品牌發展使命，集團更致力於踏入全球頂尖時尚造型和美容護理的行列，為國內的時尚潮流發展做出貢獻。

　　椰島多次獲得行業獎項，例如：「中國美容美髮行業十大品牌」、「消費者信賴品牌」等稱號。董事長曹騁先生於2007年取得清華大學EMBA學位，2017年擔任ICD世界美髮設計家協會中國區副會長，並積極參與公益事業。

263

9.2 東莞名藝世家美髮連鎖集團

　　MYSJHAIR名藝世家自2003年7月由鄭金城先生創辦第一家美髮店開始，至今已發展成70餘家直營店，160家合作加盟店，經營多項品牌，包括：名藝世家、蘇梵、名髮廊、劇星造型，以及巴洛克等，擁有超過35萬多的忠實會員。

　　公司自開創以來，以誠信經營為原則，鼓勵理性消費，從不勸導顧客充卡。憑著「誠信敬業、務實創新、團結協作、勤奮進取」的經營理念，引領行業良性發展的宗旨，一路走來已經贏得業界、顧客的好評，在廣東的專業美髮業界具有較高聲望與知名度，行政管理處於領先水準。圖9.4顯示名藝世家總公司的內部裝潢。

　　所屬教育團隊一直竭力學習國際時尚髮型，為傳播美髮的前沿時尚和潮流作出貢獻，並彰顯「時尚、新鮮、個性」的非凡本色。創意團隊以時尚結合藝術，融合「經典、創意、鮮明」訴求，給客戶群留下一道道完美的痕跡。MYSJHAIR名藝世家透過出色的口碑傳播和引領潮流，在美髮行

圖9.4 名藝世家總部室內設計效果圖（感謝廣東省東莞市名藝世家髮型連鎖提供）

成功案例 第九章

圖9.5 常平翔龍天地店室內設計效果圖（感謝廣東省東莞市名藝世家髮型連鎖提供）

業處於先行地位。圖9.5顯示名藝世家品牌的一家分店。

「蘇梵」作為東莞高端會所式美髮造型的代表，2015年成立於東莞大嶺山。以高端品味和會所形式把髮廊推向更高境界，打造低調奢華、有內涵的舒適環境。二樓輔以禪道的洗護區，在喧囂的城市中如同在世外桃源般的靜心之地，見圖9.6。

「名髮廊」精通洗護技術，由黃良先生於1995年創立，2015年併入並成為名藝世家旗下品牌。「劇星造型」作為名藝世家高端美髮造型品牌，風格設計別具一格，運用極簡與多維元素，展現滿滿潮流時尚網紅風。從菱角分明的幾何造型和工業風碰撞，簡單卻有質感。服務對象鎖定新潮達人與時尚網紅等潮流人士。「巴洛克」子品牌在名藝世家系列中主打復古

圖9.6 蘇梵造型門店室內設計效果圖（感謝廣東省東莞市名藝世家髮型連鎖提供）

265

崇尚藝術，承接文藝復興運動，跳脫常規並追求不規則、奢華和誇張的效果。本身就是一種激情的藝術，勇於突破理性的寧靜和諧，添加濃郁的浪漫主義色彩，深具藝術家的豐富想像力！

　　名藝世家受許瑞林老師的影響，一直注重管理及服務培訓，讓員工全方位接受技能等方面培訓，能在短時間瞭解企業文化，提高員工的整體素質，充實專業知識與技能。進而提高營運效益，增強企業的競爭能力。

9.3 佛山市香港楓格典國際集團

　　佛山市香港楓格典國際集團始創於2005年，這是一家以美容美髮連鎖經營為基礎產業的綜合性企業，目前門店主要遍及廣東的廣州市、佛山市、江門市、陽江市，和東莞市，還有福建的南安市等。楓格典集團在蔡文俊總經理的帶領下擁有：FG HAIR美容美髮品牌、JUNO HAIR美髮品牌、巴酷造型美髮品牌，以及楓格典企業管理諮詢有限公司等，見圖9.7。

圖9.7 FG HAIR門店設計效果圖（感謝廣東省佛山市香港楓格典國際集團提供）

成功案例 第九章

9.4 中山蘇奇美髮連鎖集團

　　SUQI HAIR蘇奇是廣東省中山市具有較高品質和知名度的美髮連鎖集團。在創始人曹觀橋先生的多年努力經營下，其教育團隊一直竭力於傳播美髮的前沿流行潮流，彰顯SUQI HAIR蘇奇時尚、新鮮、個性非凡的氣質。企業的創意團隊更結合了時尚與藝術，給顧客留下一個個完美的形象。通過出色的口碑傳播，蘇奇美髮連鎖集團早已引領潮流的先行地位，被時尚、有個性的潮流人士所感知與追隨，見圖9.8。

　　蘇奇美髮以中山為核心，通過直營店模式穩步擴張門店。目前已在中山市、佛山市、深圳市、珠海市、江門市主要城區（如中山市石岐區、東區、西區等）開設多家分店，部分門店延伸至鄰近的珠三角城鎮，深耕市場，注重社區化服務，貼近居民生活圈，目標成為珠三角地區具有影響力的中國美髮知名品牌。

圖9.8 蘇奇美髮門店效果圖（感謝廣東省中山市蘇奇美髮連鎖含慕梵、畫間，提供）

9.5 深圳鶴祥宮養生連鎖機構

　　1999年周珂逸董事長開始打造「鶴祥宮」養生美容連鎖品牌，從最初的美髮美容單店發跡，累積了美髮業連鎖的豐富經驗，經過二十多年來的

圖9.9 鶴祥宮門店設計效果圖（感謝廣東省深圳市鶴祥宮養生連鎖提供）

圖9.10 鶴祥宮門店設計效果圖（感謝廣東省深圳市鶴祥宮養生連鎖提供）

默默耕耘與發展，如今已經成為珠三角地區集「休閒、美容、養生、健康管理」於一體的綜合性連鎖服務機構，見圖9.9。

截至2022年4月在深圳、中山與成都等地已經開設20家直營連鎖店，計畫十年內可在全國範圍內擴充到一百家門店的規模。該集團秉持「開拓創新、誠信守法、務實高效、團結奉獻」原則，以及如下之企業文化努力深耕健康養生事業。

願景：致力成為中國養生行業領航者和最值得信賴的合作夥伴

使命：讓健康養生行業受人尊重！為健康養生事業奮鬥終身！

理念：正心、良心、誠心、忠心、用心

2010年「頤和養生」的成功轉型讓周董再次萌發連鎖發展的念頭。鶴祥宮一貫傳承中華道家養生精髓，通過道家養生知識體系，遵循效法道法自然原則，助力於中醫藥養生產業鏈的蓬勃發展。圖9.10是鶴祥宮熙和園店的內部裝潢。

在許瑞林老師盡心的指導下，鶴祥宮非常注重人才發展，推崇「傳道、授業、解惑」的師道文化，建立完善的技術及管理人才培訓體系。開放員工持股、釋放公司紅利，不僅給予員工管理權，也讓員工學會當老闆的思維方式。企業同時也致力於推動社會經濟、促進就業，幫助民眾身心健康全面發展的企業願景下不斷勤勉向上。

9.6 中山小欖大力健身

大力健與美健身俱樂部都是中山大力健與美健身俱樂部有限公司旗下品牌。創始人是尹立平董事長，他同時也是大力5D經營模式研發推廣的第一人。集團在大灣區有50家門店，湖南有48家門店，並持續增加中。旗下包括的其他子品牌如：大力健身俱樂部、新美兒兒童體舞，以及中聯健身集團等。許老師很榮幸到今天都能為該企業提供諮詢服務。

附錄一　總公司加盟管理規章

　　　　　　　　　　　　　　　　　　　　　　＿＿年　＿＿月　＿＿日

甲方：＿＿＿＿＿＿＿股份有限公司
乙方：＿＿＿＿＿＿＿＿＿＿＿＿＿

一、宗旨及名詞定義

（一）宗旨

　　＿＿＿＿＿＿＿公司為提供同業在美容界革新的經營管理，期許匯集業界同好，協力開創連鎖經營之新紀元，彼此共存共榮進而邁向國際化之連鎖企業。

　　企業運作需有各項典章規範為引導，本公司累積多年經營髮型美容院之實務經驗，彙集成本規章，一方面做為各加盟主經營髮型美容院之指導規劃，一方面做為雙方之間彼此共信共守之規章，整體連鎖體系運作有一良性循環，使加盟主能贏得利益，也贏得掌聲。

　　誠盼各加盟主、店主管、店職員皆能體會本公司一番心意，熟諳本規章內各項規定事宜，以保障加盟店之應有權益，如對本規章之規定有不詳或有疑慮之虞，總公司所屬之有關人員隨時竭誠為您服務及說明，服務專線：＿＿＿＿＿＿＿。

（二）名詞定義

　　有關＿＿＿＿＿＿＿公司加盟契約及本規章之用語或名詞，茲約定其意義如下：

1. 本公司：指＿＿＿＿＿＿＿公司及其承受人、受讓人，亦稱＿＿＿＿＿＿＿公司總部。
2. 加盟主：指與本公司訂立加盟契約之相對人，負責＿＿＿＿＿＿＿髮型美容院經營事宜。
3. 加盟店：
   （1）授權加盟店（FC）：指加盟主與本公司訂立加盟契約，並由本公司提供生財設備、服務技術商品、經營技術、及整體企業識別系統，而委託加盟主負責經營之＿＿＿＿＿＿＿髮型美容院。

（2）自願加盟店（VC）：指加盟主與本公司訂立加盟契約，並由本公司提供生財設備、服務技術、商品、經營技術及整體企業識別系統，而由加盟主獨立負責經營之＿＿＿＿髮型美容院。

4.利潤分配：

（1）加盟主報酬（授權連鎖店）

該店營業淨額－營業成本＝稅前淨利

加盟主報酬＝稅前淨利×＿＿＿％

（2）加盟主報酬（自願連鎖店）

該店營業淨額－經營成本＝稅前淨利

加盟主報酬＝稅前淨利×＿＿＿％

5.履約擔保（加盟主提供）單位：萬元

項目＼金額＼類別	授權連鎖店	自願連鎖店
加盟金	30	40
擔保金	30	
合計	60	40

（1）加盟金：指加入＿＿＿＿髮型美容連鎖店的商譽金。

（2）擔保金：指加盟主提供產品的擔保金。

6.加盟店之店經理或店長：指由加盟主自聘派以經營＿＿＿＿美容院之主管，且經本公司店主管訓練合格之人員。

7.加盟店職員或店職員：指由加盟主所聘僱參與＿＿＿＿髮型美容院經營，且經本公司教育訓練合格之人。（包括服務技術，以及禮儀等）。

8.價格目錄（訂貨簿）：指由總部所發行之商品目錄，此目錄內之服務項目價格、商品範圍及價格，具有拘束各加盟店之效力。

9.通知單：總部對各加盟主所為書面之意思表示。

10.補助通知單：指由總部以書面通知各加盟主進行促銷或其他活動之說明文件。

11.平面配置圖：係由總部所規劃＿＿＿＿髮型美容院之營業門市，有關營運設

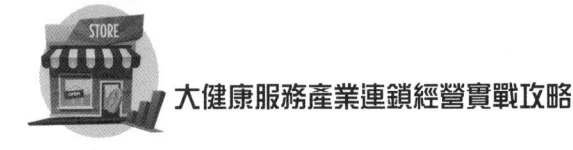

備及商品區域之規劃圖。
12. 收益性廣告及其他有關服務性商品：係由總部所規劃＿＿＿＿髮型美容院各項收益性商品於貨架、櫃臺、壁面、燈箱確切的陳列位置。
13. 檯帳冊：係由總部所規定髮型美容院之商品區陳列之說明文件。
14. 特殊陳列合約：指由總部與供應廠商與其他企業訂約，於＿＿＿＿髮型美容院之商品陳列處所，特別劃出一陳列位置，供其陳列商品，以宏促銷之效果，各加盟主均有遵守之義務，且不得擅自與廠商訂立特殊陳列合約。
15. 行銷月刊：指由總部所發行，報導各項活動及計畫，並與各加盟主溝通之園地，以一個月（季）發行一次為原則。
16. 海報：係由總部為美髮、美容及其他收益性商品促銷及宣傳活動用所統一規劃印製之海報。
17. 旗幟：指由總部所統一規劃印製、懸掛於各加盟店門上橫楣處之布條，以強調當時所訴求之促銷活動重點。
18. 週轉金：指各店為與營業有關，且依總部規定需以現金支付而取得憑證，得自每日匯繳總部之營業收入金額下預留部分之現金，以供上述用途支付之用。
19. 盤點稽核人員標準作業程序：本公司為了瞭解各加盟店之經營情形，而派遣盤點人員至加盟店頭盤點時所依據之作業準則。
20. 現場管理手冊：係指總部發行，提供店長有關管理加盟店方法之指示文件。
21. 區課：為指導之經營及日常運作，本公司視情況於各地區設立區課，指派行銷專家負責指導該地區內加盟店之經營，並對職員實施教育訓練，做總部與各加盟店之橋樑。
22. 店經理（長）會議：由各區課舉行，每月一次，傳達總部之指示事項，店經理並得將實際經營疑難提出討論，並由該區課予以指導。
23. 全體店職員會議：由各區課舉行，每季一次為原則，以教育訓練及傳達總部之重大指示事項。
24. 修繕申請單：遇生財設備故障時，加盟主須填寫申請單，交由所屬區組長轉交本公司修繕，如遇需盡速修繕者，則宜以電話通知總部維護部門盡速修護，事後補具修繕申請單，以符作業手續。
25. 調撥：係由總部或各區課視情況需要，而書面通知各加盟店之店職員商品或

設備調借予另一特定加盟店，加盟主不得擅自調撥或調借。
26. 會計期間：指加盟主經營加盟店時，依西曆法所指的「月」，除了簽約日或中止、到期的當月份外，皆為一個會計期間。
27. 營業淨額：指所服務勞務及販賣商品過程扣除應稅勞務及商品之營業稅及顧客商品退貨，如甲方所發行營業有關點券。
28. 營業成本：指損益表內各有關會計科目所發生之當期費用或資本支出。
29. 現金短溢：指二種不同情況，（1）收銀機帶上金額減去店主支付商品款項或營運費用的應有現金與實際現金不符；（2）依規定匯回的匯單不符實際。
30. 銷管費用：係指包裝費、盤損費、電話費、文具費、修繕費、電費、現金短溢、壞品、交通費、水費、雜費、交際費、租金、自用商品、促銷廣告費、發票費用、運費等門市費用。
31. 存貨：店內所有可銷售商品（含寄售）。
32. 盤點：指實際清點商品的零售價值、營業額、週轉金、金融機構（含郵局）匯單之作業程序，此等皆依本公司規定之盤點作業程序為準。
33. 盤盈：即依零售價計算，盤點金額，大於帳面金額謂之盤盈。
34. 盤損：即依零售價計算，盤點金額，小於帳面金額謂之盤損。
35. 竊盜：指竊賊在店門窗關妥上鎖情況下，使用工具、爆炸物、電氣或化學方法，暴力進入店內偷竊商品。
36. 報表：本規章所稱之報表如下：
    （1）現金日報表
    （2）找零金報銷（補充）表
    （3）個人別業績表
    （4）服務項目別營業表
    （5）價格變動表
    （6）調撥通知表
    （7）商品損害月報表
    （8）廠商進貨表
    （9）損益表
    （10）其他本公司規定需製作之報告表

37. 商店形象：指本公司及其在各地髮型美容加盟店，在連鎖系統下，使用服務標章及經營髮型美容加盟店，獲致大眾公認的信賴及商譽。
38. 商業機密：指本公司所屬_____髮型美容加盟店之連鎖系統手冊資料及所有印刷文件、表格資料，這些資料僅被授權使用於本公司所屬各加盟店，加盟主不得外洩。
39. 店頭廣告：舉凡在本髮型美容加盟店內外，所有能促進商品銷售之廣告物，或其他提供有關商品情報、服務、指示，以及引導等標示。

二、人力規劃及教育訓練

（一）本公司的加盟合作旨意，在於加盟主以其卓越之眼光拔擢人才，參加本體系加盟店經營管理之行列，並領導統御、適才適所，有效規劃人力，來創造最大的利潤。加盟主的貢獻亦在於人力的規劃與有效運用，因此有關該加盟店經營所需職員的規劃運用，包括人員的甄選、聘僱、工作時間調配、輪休、請假、服務態度、資遣、退休等，均由加盟主自行執行與管理，但需遵守總公司統一的制度和企業文化。

（二）加盟店營業時段內，門市店職員均需依本規章所定之工作準則，整潔儀容、穿著制服、配戴名牌，並表現親切和藹之態度，隨時以微笑服務顧客。

（三）為使加盟店職員瞭解本公司經營的理念、服務技術、秘訣與特殊的管理知識，有關店職員均須接受本公司舉辦新進人員職前訓練，在職技術訓練、儲備店經理訓練及各項教育講習，其訓練費用，除另有規定外，由本公司負擔。

（四）加盟主需按本公司所頒發之訓練教材教導加盟店職員，加盟主及店職員，並須接受所屬地區組長，有關店營運的實際經營之指導。

（五）遇與加盟店有關之婚、喜、病、喪、出國等事發生時，加盟主於可能範圍內盡速提早告知本公司，本公司視情況需要，事先酌予協助調配人力支援。

（六）本公司為聯繫各加盟店間之友誼，不定期舉辦各大小休閒活動，如旅遊、美髮（容）比賽、運動會、晚會、影片欣賞、社團活動等，邀請各加盟主及其店職員參加同樂。

（七）本公司為激勵加盟店士氣，提高經營績效，得視情況採取各種激勵措施，其各具體激勵辦法另訂之

三、行銷規劃

（一）進貨

1. 為降低進貨成本及販售優良商品起見，本公司對各加盟店販售的商品已從事長期的調查、訪價，並依據消費者反應將優良商品整理編列成商品目錄，加盟主僅得就商品目錄之貨品進貨。
2. 未列於商品目錄內的商品，加盟主不得進貨，如有不在本公司商品目錄內的優良商品時，加盟主得向本公司建議，經本公司實際調查核可，列入商品目錄。於未正式列入商品目錄以前之調查期間或本公司不予核可者，加盟主均不得購進該商品。
3. 以現金進貨之商品，加盟主需依行銷月刊之規定處理，不得擅自變更。
4. 營運所需自用品取用、壞品之產生及商品類別變更，需按規定確實登錄。
5. 加盟主於廠商進貨時，應依作業規定，對於廠商進貨表、發票、收據及簽收單確實登錄。

（二）陳列

1. 加盟店營運設備之擺置及商品陳列，須依本公司提供之平面配置圖、商品陳列圖及檯帳冊陳列，並隨時依本公司之通知，更新陳列。
2. 加盟主對本公司所提供之平面配置圖、商品陳列圖及檯帳冊，認有不妥處，得向本公司建議經本公司實際研究認可，始能進行變更。
3. 本公司與廠商有特殊陳列合約之商品，加盟主須依本公司之規定，確實執行之。
4. 海報、吊牌、旗幟、氣氛布置，悉依本公司行銷月刊或補助通知單規定布置，若過期或破舊，需更新之。

（三）價格

1. 本公司提供之美髮（洗、染、護、剪、燙）美容等價目，非經本公司同意不得自行打折或變更。

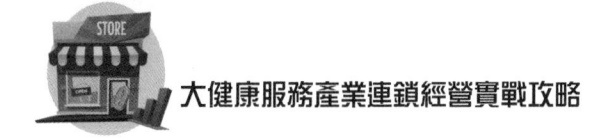

2.商品價格依本公司商品目錄或補助通知單指導價格販賣。

3.特殊陳列之商品，其價格及銷售方式，依本公司行銷月刊或補助通知單規定執行。

4.促銷活動之商品，依行銷月刊或補助通知單之規定執行。

5.如遇價格調整，加盟主應於行銷月刊或補助通知單規定之時間內，將調整之差額正確填寫於零售價變動表上。

（四）促銷

1.新開幕門市促銷活動依本公司新開幕門市作業手冊規定執行之。

2.加盟主對總部所規劃之各項商品促銷活動、企業形象廣告活動、商品促銷、贈品準備、價格訂定、陳列方式及店頭布置，均須依行銷月刊、補助通知單及專案手冊之規定執行。

（五）店頭廣告告知系統費用歸屬

1.短期性店頭廣告，當月份有關促銷商品、新商品、企業形象及公益活動之店頭廣告，其費用由總部負擔。

2.長期性店頭廣告，依店頭廣告告知手冊所列項目，包含警示性店頭廣告、指示性店頭廣告、說明性店頭廣告三大類，及所需之廣告道具用品，其費用由各門市負擔。

3.新開幕店頭廣告，依店頭廣告告知手冊所列項目，於門市新開幕時，所需使用之店頭廣告，其費用由各門市負擔。

四、會計資訊

（一）加盟主需製作交付本公司之報表如下：

1.每日現金日報表：加盟主須於每日下午三時結帳，並於當日完成現金日報表，如遇月底，則結帳時間延至下午六時，但得因應當地稅捐主管機關之規定變更。

2.廠商進貨表：加盟主須於每週日至週三以及週四至週六，即每週兩次，填具廠商進貨表。

3.個人別業績統計表：設計師、助理（手）等個人當日之營業業績統計。

（二）本公司每月應交付加盟主之報表：
　　1.損益表
　　2.週轉金對帳單／匯款或支票明細通知
　　3.半月庫存表
　　4.往來帳明細表
　　5.雜費、修繕費用明細表
　　6.營業項目別、客單價分析表
（三）銷售作業規定
　　加盟主需嚴格遵照本公司規定，每筆銷售收入均須按入收銀機，逐筆入帳，並將發票交給顧客，如顧客未取走發票時，應合法合規辦理。
（四）現金管理
　　加盟主每日現金收入，扣除依規定所必需支出之金額（附憑證）外，須逐日按規定匯回本公司指定之帳戶，不得無故留存或怠於匯回。
（五）零用金管理
　　零用金用途僅限於顧客零錢支付、當日銷管費用支出，如水電費、電話費等本公司核准之現金支出。
（六）盤點
　　1.本公司每季對加盟店不定期盤點至少一次，盤點悉依本公司「盤點稽核人員標準作業程序」執行之。
　　2.盤點項目包括：現金、商品、生財設備、加盟主不得以任何理由拒絕本公司盤點，對於盤點結果，加盟主如無異議，需簽章承認。
　　3.加盟主對原盤點結果有所疑問，得於盤點後七天內，向本公司區組長轉向本公司會計課申請重盤，費用依規定收取。重盤結果與原盤結果差異於10％以上者，免收盤點費用。
　　4.每次盤點結果，若有盤損盈，當月立即調整之呈現於當月之商品庫存表。
　　5.如有重盤，不論重盤結果與原盤結果之差異多寡，一律以重盤結果為準。
（七）帳冊處理
　　1.加盟主如對帳載有所疑問，得於帳冊製成日起之三個月內向本公司之區組長反應，以便安排時間對帳，逾期不予受理。

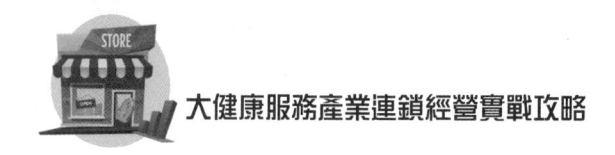

2. 加盟主如對會計或財務事項有所諮詢，由本公司會計或財務部門解說之。

（八）虧損處理

1. 如加盟店當月份之損盈結果產生虧損，本公司於次月加盟主報酬中扣回。
2. 每季結束後結算，若仍發生虧損，加盟主應於次月25日前以現金繳還本公司。

五、加盟店經營與管理

（一）店經理及店職員（如設計師、助理／助理手…等）上班時，須遵守本公司現場管理手冊之規定，保持店內外清潔，維護加盟店之形象。

（二）加盟主須依規定之營業時間營業，不得擅自變更或縮短營業時間或暫歇、停止營業。

（三）加盟店主需參加本公司舉辦之會議，不得無故缺席，如因重要事由未能參加時，亦需指派代表參加。

（四）加盟店店長需參加本公司舉辦之店經理會議，全體職員會議，及其他本公司規定須參加之會議。

（五）加盟店之經營，僅以現金交易，加盟主、店長或店職員絕對不得允許顧客賒欠，並且不得以店內私自餽贈、折價或加價出售。

（六）加盟主必須按盤損控制方法執行商品存貨管理。

（七）本公司為輔導各加盟店之經營，設立各區區組長，區組長為該區內所有加盟店之當然輔導人，加盟主及該店店長有權請求該區之區組長管理輔導，亦有義務接受區組長之管理輔導。

（八）加盟經營期間發生下列情事時，需立即反映所屬之區組長處理：

1. 會計入帳發生不合或有錯誤時
2. 搶劫事件發生時
3. 發票提前使用、存根與收執聯裝置相反時
4. 盤點發生異常時
5. 商品調撥時
6. 其他本公司規定須報備之事項

（九）加盟主須按本公司通知，確實執行，並接受所屬之區組長之查核。

（十）店面商品除調撥外，不得將商品轉移他處販賣。

（十一）店裡不得存放危險物品。

（十二）加盟主不得以該加盟店之名義購入或使用汽、機車，或供其受雇人使用該加盟店名義之汽、機車。

六、裝潢與設備維修

（一）生財設備

1. 本公司提供加盟店之生財設備予各店使用，加盟主及其店職員須以善良管理人之注意義務使用之，不得任意將該等設備其中一項或全部借予他人使用，或任意更動陳設位置。
2. 加盟主使用生財設備負有保管與清潔之責，若有失竊、毀損、需負賠償之責，賠償金額以帳載折舊殘值賠償之。
3. 加盟主使用生財設備，其店經理與店職員須事先到本公司接受就有關設備之使用須知一級保養清洗工作之教育訓練，使用時並需依照本公司之「機器設備保養手冊」使用之。
4. 加盟主應注意全部生財設備、裝潢設施等之使用及維護，應使其保持良好之狀態。
5. 如因可歸責於加盟主或其受僱人之事由，導致生財設備故障或損壞時，其修理費用由加盟主負擔之，於無法修復或雖加修復，無法恢復原應有功效時，由加盟主按帳載折舊殘值賠償。
6. 本公司提供之生財設備，若有故障或需保養時，加盟主需立即通知本公司修護之，不得擅自處理或拖延修護。
7. 本公司提供之各項生財設備，其保養及維修，由本公司為之，保養及維修之費用由加盟主負擔之。
8. 本公司所提供置放加盟店使用之生財設備、器物，其所有權仍屬於本公司，且本公司得視需要，隨時收回或調撥，加盟主不得異議。

（二）裝潢

1. 有關新開店裝潢工程如電力申請、水電工程、土木工程、店外招牌、冷氣機、照明,以及倉庫角鋼貨架等,需由本公司設計後施工,其工程費用由加盟主負擔。
2. 各髮型美容加盟店之裝潢滿五年後,加盟主有義務及自擔費用下,依本公司設計,將裝潢更新之。
3. 各加盟店之裝潢設施等,因業務需要經本公司要求賠償時,加盟主有義務增減或更改其店內之裝潢設施。
4. 於加盟契約終止或解除時,本公司有權將該加盟店內有關商標、服務標章之圖案、文字商標等物,逕自拆除取回,加盟主不得主張異議或要求恢復原狀或,要求任何名目之補償或美化費用。

(三) 雜項
1. 本公司於收到加盟主之修繕申請單或口頭通知後,生財設備部分盡可能24小時內執行修護服務,裝潢部分盡可能於72小時內執行修護服務。
2. 加盟主對於店內之電力,不得使用於非本公司指定之營業用途,或非營業用途。

七、其他注意事項

(一) 有關加盟契約、規章及各附件表格、手冊、說明、須知,均為本公司之高度商業機密,加盟主、店長及店職員均有嚴格保守秘密之義務,不得以任何方式對特定人或不特定人外洩,否則將造成本公司難以回復之損害,此項保密義務於加盟契約終止或解除後,仍具約束之效力。

(二) 加盟主有義務告知其店經理及其店職員有關本規章及加盟契約應負之義務,如其店長及其店職員有任何違反契約或違反本規章之情事,均視為加盟主違約,加盟主不得藉詞已盡選任之注意而辭卻其責任。

(三) 契約終止或解除時,加盟主有義務立即返還契約、本規章及所有附件、表格、手冊、說明、與須知等,不得遲延,且禁止任何複印、攝影或其他方法翻製、留存。

(四) 本規章如有需增刪或修正之處,本公司有權隨時增刪或修正之,加盟主不得異議,並願遵照增刪或修正後之規定執行之。

立 約 人

甲方：＿＿＿＿＿＿＿＿＿＿ 股份有限公司

法定代理人：＿＿＿＿＿＿＿＿＿＿

地址：＿＿＿＿＿＿＿＿＿＿＿＿＿＿＿＿＿＿＿＿

電話：＿＿＿＿＿＿＿＿＿＿

乙方：

姓名：＿＿＿＿＿＿＿＿＿＿

身份證字號：＿＿＿＿＿＿＿＿＿＿

住所：＿＿＿＿＿＿＿＿＿＿＿＿＿＿＿＿＿＿＿＿

乙方連帶保證人：

（一）姓名：＿＿＿＿＿＿＿＿＿＿＿

　　　身份證字號：＿＿＿＿＿＿＿＿＿＿＿

　　　住所：＿＿＿＿＿＿＿＿＿＿＿＿＿＿＿＿＿＿

（二）姓名：＿＿＿＿＿＿＿＿＿＿＿

　　　身份證字號：＿＿＿＿＿＿＿＿＿＿＿

　　　住所：＿＿＿＿＿＿＿＿＿＿＿＿＿＿＿＿＿＿

附錄二　管理顧問聘任契約

管理顧問聘任契約書範例

＿＿＿＿＿＿＿＿＿＿有限公司（以下簡稱甲方）

立約人：

＿＿＿＿＿＿髮型美容＿＿＿＿＿＿＿＿＿＿店（以下簡稱乙方）

茲因乙方聘任甲方為管理顧問公司，雙方訂立本契約如下：

第一條：

乙方於取得＿＿＿＿＿＿股份有限公司之商標授權之同時，應備妥依甲方之規定經營該店所需之人力、物力、資本。

第二條：乙方店名、營業地址、時間、項目

一、基本資料

店名：＿＿＿＿＿＿髮型美容＿＿＿＿＿＿店（以下簡稱該店）

行號名稱：＿＿＿＿＿＿＿＿＿＿＿＿＿＿＿＿＿＿

營業地址：＿＿＿＿＿＿＿＿＿＿＿＿＿＿＿＿＿＿

營利事業統一編號：＿＿＿＿＿＿＿＿＿＿＿＿＿＿

營業面積：約＿＿＿＿＿＿＿坪

電話：＿＿＿＿＿＿＿＿＿＿＿＿＿

負責人：＿＿＿＿＿＿＿＿＿＿＿＿＿

戶籍地址：＿＿＿＿＿＿＿＿＿＿＿＿＿＿＿

身份證字號：＿＿＿＿＿＿＿＿＿＿＿＿

二、營業時間：依該店之商圈特性，由甲方指定。

三、營業項目：美髮事業之經營。（美容事業之經營、轉租、委外承攬等，需另經甲方書面同意）

四、本契約有效期間內非經甲方書面同意，乙方不得任意變更營業場所或無故停止營業，若因該店之租約終止、期滿或因不可歸責於乙方之事由，致該店無法於該地繼續營運者，乙方應於甲方限定之期限內，另覓甲方認定之地點，讓該店繼續營運。

五、乙方經營該店之商圈範圍為半徑200公尺，甲方未經乙方同意，不得授權他人在其商圈內，另行開設使用同商標及服務標章之店面。

第三條：顧問費用、契約期間及權利義務之轉讓

一、乙方應於本契約有效存續期間內，每月＿＿＿日前以現金或即期支票給付甲方顧問費用＿＿＿＿＿元整（新台幣，下同）。

二、本契約有效期限自＿＿年＿＿月＿＿日起至＿＿年＿＿月＿＿日止。如欲續約，應於期滿前一個月，依雙方合意另訂新約。

三、本管理顧問聘任契約應與乙方與＿＿＿＿＿有限公司所訂立之商標授權契約並同履行，若該契約因不履行導致解約時，視同全部解約，該契約無效時，視同全部無效。

四、甲方得將本契約之權利及義務轉讓他人，或與其他公司合併或設立公司承受本契約之權益，乙方不得異議。

第四條：

有關乙方經營之服務項目及經營管理方式，乙方同意接受甲方之指導及遵照甲方所訂之經營管理規章及本契約之約束。管理規章有增刪修改時，亦受修正後條款之約束。

第五條：

乙方為獨立事業體，接受甲方指導及管理規劃。但乙方與甲方或＿＿＿＿＿國際股份有限公司，均無合夥、代理子公司等法律關係。

第六條：展店籌備事項

一、乙方應於甲方指定時間內，申請並取得營利事業登記證，並交付營利事業登記證影本予甲方。

二、該店之一切裝潢、水電工程之設計及施工，應於本契約簽訂後，依甲方制式規格，經甲方審核可行後，統一發包辦理。

三、前項工程發包及籌備設立所需之資金，乙方應於簽約之同時，繳納與甲方。

四、乙方之小營業及開幕日期，應依甲方擇定之日期，不得擅自小營業及開幕。

第七條：人員管理及聘僱

一、乙方聘僱之工作人員，需定期參加甲方安排之課程，接受專業訓練。

二、乙方所有人員與甲方無任何僱傭關係，雙方所生之一切權利義務關係，概與甲方無涉。

三、甲方負責為乙方規劃人事薪資、人事升遷、工作時間、員工福利等制度之設計。

四、該店人員到離職時，乙方須於一週內將相關資料呈報甲方。

五、未經甲方同意，乙方不得以自己或_____國際股份有限公司名義對外接洽建教合作相關事宜。

第八條：教育訓練

一、乙方展店前一個月內，乙方店主管及店職員之有關教育訓練，需依甲方規定受訓。

二、該店所經營之服務項目及商品，乙方應參考甲方建議。

三、未經甲方同意，乙方不得擅自變更營業項目或經營非甲方所提供之服務技術及商品，或將營業之一部分或全部讓與他人。

四、該店店面之陳列及商品項目，乙方應遵照甲方規定之陳列方式陳列，不得擅自改變與他人簽約或允諾特殊陳列。

第九條：依法營運業務

　　乙方之展店及後續經營須遵守政府一切法令規章，如有違反，致生民刑事責任或行政處分者，乙方除須自行負責外，若因此導致甲方遭受損害，乙方應負賠償責任。

第十條：採購管理及限制

一、該店有關甲方企業識別系統製作物之使用均須依甲方之規定，一律委由甲方統一製作，乙方不得私自製作或使用與甲方企業識別系統規定不符之製作物。

二、該店營業所需之耗材、材料、商品、設備及生財器具均須由甲方統一採購。未經甲方同意，乙方不得私自採購、使用或出售。

三、促銷：

　　（一）甲方提供產品之所有促銷活動，乙方須完全遵守，不得違背。

　　（二）乙方得從事當地小型地區性促銷活動，惟需填寫地區性促銷計畫書，經甲方審核同意後推出。

　　（三）乙方不得自行印製及發售有價券、折價券、貴賓卡或其他類似之優惠券或優待卡。

　　（四）乙方如有未依規定繳交貨款，甲方得停止供貨，若因此導致甲方遭受損害，乙方應負賠償責任。

第十一條：甲方物品之使用與維護

一、乙方營業所須器具、設備如係由甲方提供時，甲方得視情況酌收費用及保證金。

二、乙方未經甲方書面同意，不得從事下列行為：

　　（一）任意增加、變換店內設備、裝潢。

　　（二）停止使用甲方規定之設備，或借予、轉讓他人使用。

　　（三）將甲方所規定之設備設定擔保物權予他人。

第十二條：會計記錄與財務報表

一、有關該店之會計作業與財務報表之製作，均應依甲方所頒布之店頭會計作業準則辦理。

二、乙方每日營業收入，扣除零用金及找零金後，應於隔日中午十二時以前全數匯入甲方所指定之金融機構帳戶內。

三、為求帳務統一，乙方須接受甲方指定之會計人員處理帳務，並按時提供各種規定報表予甲方。

四、乙方之各項管銷費用憑證，應每週匯總寄給甲方指定之會計人員，以利帳務處理及財務分析。

五、乙方違反前四項之規定時，經甲方書面警告後，仍未依規定辦理者，甲方得逕行終止本契約。

第十三條：往來帳

一、甲方應為乙方設立往來帳戶，並維持之。所有經甲方支付之貨款、管銷費用、乙方應付甲方款項、甲方應付乙方之款項，以及乙方之匯款，均視為往來帳處理。

二、甲方得不待催告逕自於往來帳戶中扣繳下列各項：

（一）甲方為乙方代墊之款項。

（二）乙方應付甲方之帳款。

（三）乙方應付之罰款。

（四）乙方之比賽基金。

（五）乙方之廣告準備金、電腦維護費。

（六）其他依本契約規定應由乙方負擔之費用。

三、乙方於往來帳戶中之存款餘額，如不足支付前項所列各款項時，甲方得依前條第五項之規定辦理。

第十四條：終止合約事由

一、乙方有下列情事之一者，甲方得終止本契約，並得請求損害賠償：

（一）乙方之行為違反本契約之規定者。
（二）乙方之負責人死亡或喪失行為能力或受禁治產之宣告或有重大喪失債信行為或擅離職守達一個月以上。
（三）乙方負責人因刑事案件受到法院判決之宣告。
（四）乙方依法進行重整或受破產之宣告。
（五）乙方擅自以甲方或甲方代理人之名義，與第三人訂約或為其他法律行為，致甲方權益受損者。

二、乙方須遵守管理規章，並接受甲方之指導人員指導。若違反該規章，或不接受甲方指導人員指導，不需經乙方同意，甲方得隨時以書面終止本契約。

第十五條：違約金之規定

乙方如有違反本契約規定之情事，應付給甲方懲罰性違約金＿＿＿＿萬元整，且甲方如另有損害，並得請求乙方賠償。

第十六條：合意管轄

有關本契約之訴訟，雙方當事人同意以＿＿＿＿法院為第一管轄法院。

第十七條：營業負責人

＿＿＿＿＿＿君擔任乙方之負責人為本契約成立及生效之重要因素。如本契約期間內，該君離職或未繼續擔任乙方負責人，不論其理由為何，不需經乙方同意，甲方有權隨時終止本契約，並不負任何補償責任，乙方絕無異議，乙方於本契約終止前及終止後之義務均與本契約所規定者同。

第十八條：附則

一、本契約壹式三份，由甲乙雙方及見證人各執乙份為憑。
二、一方怠於執行本契約之條款，不得視為放棄嗣後執行該條款之權利。
三、除本契約內容外，雙方承認本契約之附錄、管理規章及其他相關文件亦為本契約之一部。

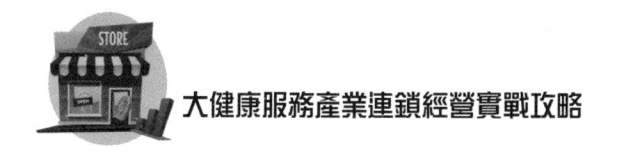

立　約　人

甲方：_____

負責人：_____

地址：_____

乙方：_____

負責人：_____

身份證字號：_____

地址：_____

電話：_____

見證人：_____

地址：_____

　　　____年____月____日

附錄三 商標授權契約書

_____國際股份有限公司商標授權契約書範例
_____國際股份有限公司（以下簡稱甲方）

立約人：

_____美容院（以下簡稱乙方）
負責人：_____（以證照登記為準）

茲因乙方使用甲方所有之商標及其他相關權利，經雙方同意訂立本契約，其契約條款如下：

第一條：授權店名、營業地址、時間、項目

一、基本資料

店名：_____髮型美容_____店（以下簡稱該店）

行號名稱：_____

營業地址：_____

營利事業統一編號：_____

營業面積：約_____坪

電話：_____

負責人：_____

戶籍地址：_____

身份證字號：_____

二、營業時間：依該店之商圈特性，由甲方指定。

三、營業項目：美髮事業之經營。（美容事業之經營、轉租、委外承攬等，需另經甲方書面同意）

四、本契約有效期間內非經甲方書面同意，乙方不得任意變更營業場所或無故停止營業，若因該店之租約終止、期滿或因不可歸責於乙方之事由，致該店無法於該地繼續營運者，乙方應於甲方限定之期限內，另覓甲方認定之地點，

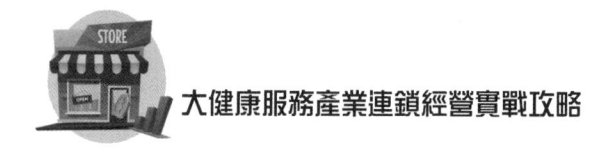

讓該店繼續營運。
五、乙方經營該店之商圈範圍為半徑200公尺，甲方未經乙方之同意，不得授權他人在其商圈內，另行開設並使用本公司商標及服務標章之店面。

第二條：契約有效期間

一、本契約有效期間自＿＿＿年＿＿＿月＿＿＿日起，至＿＿＿年＿＿＿月＿＿＿日止。如欲續約，應於期滿前一個月，以雙方合意另訂新約。
二、本授權契約應和乙方與＿＿＿＿＿＿＿＿＿＿公司所訂立之管理顧問聘任契約合併履行，若該契約因故遭到解約時，視為全部解約，亦即任一契約無效時，視為此兩約全部無效。

第三條：商標授權使用之權利金、擔保金、商標使用費

一、乙方需於本契約簽訂之前或同時，以現金或即期支票一次給付甲方＿＿＿＿＿＿＿萬元整（新台幣，下同）之商標授權使用之權利金（每月商標使用費另計）。契約簽訂之後，乙方不得以任何理由要求甲方退還商標授權使用之權利金。
二、前項商標授權使用之權利金，於甲、乙雙方期滿續約時，乙方無須再行給付。
三、乙方於本契約簽訂之日時，應提供為甲方所認可之無息履約擔保金：＿＿＿＿＿＿＿萬元整。契約期滿終止後，若乙方無任何違約情事或積欠款項，則甲方應無息退還該擔保金。
四、乙方於本契約有效期間內，每月第五日前須依甲方所認定之等級劃分標準，繳付商標使用費予甲方，乙方不得有異議。

第四條：授權使用及委託經營

一、乙方於約定之營業商圈範圍內，得使用經授權之甲方商標、服務標章及其他標的物以經營該店。
二、乙方不得將甲方所授權使用之商標、服務標章及其他標的物，私自移轉或授權第三人使用。

三、乙方不得將甲方所授權使用之商標、服務標章及其他標的物與第三人合併或變更使用。

第五條：廣告促銷計畫

一、甲方負責統籌辦理有關廣告規劃，以提升商標形象等相關活動，乙方必須配合甲方所提之各項企劃案，經定案後，貫徹執行，並按甲方所設定之比例分攤費用。

二、廣告
  1. 甲方將負責規劃包括全國性媒體廣告（如電視、廣播電台、報紙、雜誌、線上）等有關事宜。
  2. 乙方不得私自接洽廣告事宜，若因而損害甲方商標形象者，負損害賠償責任。
  3. 有關該店一切商標形象之廣告使用權及廣告收益均歸甲方所有，乙方不得異議。
  4. 有關乙方店面之一切設施（如桌面及門面玻璃），非經甲方之同意，不得張貼其他廠商之廣告。

第六條：競業之禁止及嚴守保密業務

一、乙方於本契約有效期間內，不得另行投資或自營為他人經營同類之業務。

二、乙方於本契約終止三年內，不得在該店之商圈半徑500公尺以內，另行投資或自營或為他人經營同類之業務。

三、乙方違反前二項之規定者，須將其因此所得利益歸入甲方所有，並賠償甲方懲罰性違約金_____萬元整，不得異議。

四、乙方不得洩露有關之商業機密、文件予他人，如有違反，甲方得向乙方請求懲罰性違約金_____萬元整，並得就因此所受損害請求乙方賠償。

五、本條之規定，縱然於本契約關係消滅後，仍具約束乙方之效力。

第七條：權利義務之轉讓

一、乙方未經甲方同意，不得將本契約權利或義務之全部或一部分轉讓、出租、

設質予他人或將實際經營權移轉予他人。
二、甲方得將本契約之權利及義務轉讓他人，或與其他公司合併或設立公司承受本契約之權益，乙方不得異議。

第八條：移交及結束處理

本契約屆滿或經甲方解除或終止時，乙方應立即拆除並停止所有甲方之標章、企業識別系統及返還甲方所提供之電腦軟體、文件、手冊、管理規章予甲方。

第九條：終止合約事由

一、乙方有下列情事之一者，甲方得終止本契約，並請求損害賠償。
　　1.乙方違反本契約之約定者。
　　2.乙方之負責人死亡或喪失行為能力或受禁治產之宣告或有重大喪失債信行為或擅離職守達一個月以上等情事。
　　3.乙方負責人因刑事案件受到法院判決之宣告。
　　4.乙方依法進行重整或破產之宣告。
　　5.乙方擅自以甲方或甲方代理人之名義，與第三人訂約或為其他法律行為，致甲方權益受損者。
二、緊急處分權：
　　甲方基於整體商標形象之必要，得於一個月前以書面通知乙方提前終止本契約，乙方不得異議及要求任何賠償。

第十條：違約金之約定

乙方如有違反本契約約定之事項時，應給付甲方懲罰性違約金＿＿＿＿＿＿＿萬元整。甲方若另有損害，並得請求乙方賠償。

第十一條：合意管轄

有關本契約之涉訟，雙方當事人同意以＿＿＿＿＿＿法院為第一審管轄法院。

第十二條：營業負責人

　　_____君擔任乙方之負責人，為本契約成立生效之重要因素。如於本契約期間內，該君離職或未繼續擔任乙方負責人，不論其理由為何，乙方同意甲方可隨時終止本契約，且不負任何補償責任，乙方絕無異議，乙方於本契約終止前及後之義務均與本契約所規定者同。

第十三條：特約條款

　　為維護甲方商標之名譽及其完整性，乙方於取得甲方商標授權之同時，應與_____公司簽訂管理顧問契約，接受該公司專業之輔導。

第十四條：附則

一、本契約壹式貳份，由甲乙雙方各執乙份為憑。
二、一方怠於執行本契約之條款，不得視為放棄嗣後執行該條款之權力。
三、除本契約內容外，雙方承認本契約之附錄及其他相關文件為本契約之一部分。

立　約　人

甲方：_____
負責人：_____
地址：_____

乙方：_____
負責人：_____
身份證字號：_____
地址：_____
電話：_____

見證人：_____
地址：_____

_____年_____月_____日

附錄四　展店授權申請書

店名：＿＿＿＿＿＿＿＿＿＿＿＿＿＿

申請件號：＿＿＿＿＿＿＿＿＿＿＿＿＿

繳件日期：＿＿＿＿＿＿＿＿＿＿＿＿＿

一、聲明

件號：＿＿＿＿＿＿＿＿＿＿＿＿＿

壹、本人之展店計畫已初步告知直屬區、部主管，並獲得建議與支持。

貳、經營運中心接洽人員之說明，本人已充分瞭解各項作業程序與搭配事項，絕不自作主張影響作業。

參、本人同意由營運中心協助統籌展店事宜，並全力配合，否則造成延誤將自行承擔責任。

肆、本人已領取之各項資料，必定克盡保密之責任，若因為洩密而造成公司損失，願負賠償責任。

伍、本人已領取之資料如下：

（一）市場調查報告書。

（二）展店申請書。

（三）展店申請人須知。

（四）開辦設備訂單暨開辦費預估單。

（五）開辦費結算管理辦法。

立書聲明人：＿＿＿＿＿＿＿＿＿＿＿＿＿

聲明日期：＿＿＿＿＿＿＿＿＿＿＿＿＿

營運中心接洽人：＿＿＿＿＿＿＿＿＿＿＿＿＿

二、申請資料內容

件號：_____

一、展店流程進度表確認	
二、展店申請人、合夥人資料	
三、展店人員名冊	
四、損益計畫表	
五、損益平衡表	
六、營運計畫書及需求資料	
七、外加入店資料	
八、外加入店營運概況表	
九、外加入店轉用資產表	

　　以上資料均由展店申請人親自填寫，內容經本人詳閱無誤，而店名也經全體同意定名為_____店，我們將全力協助完成展店事宜。

部長：_____ 區主管：_____ 申請人：

說明：★本公司在職申請人若為分店副主管（含）以下職務之同仁，應由店主管加簽於申請人欄位中。
　　　★本文件若未由營運中心註明填入申請件號，則不列入申請件，視同參考資料。

三、展店意願確認書

件號：_____

（一）申請人

展店申請人		現任店名	
身份證字號		確認日期	___年___月___日

（二）商圈

預定展店商圈			
希望展店月份	___年___月 上／中／下旬	屬意日期	___年___月___日

（三）人力資源

預估人力配備	師助	現有設計師___人，助理___人
設計師業績能力	20萬以上___人，20～15萬___人，15～10萬___人，10萬以下___人。	
不足人力之補足		
其他需求	□擬展店前完成人力補齊 □擬開幕後逐步補齊	

（四）資金

自有資金	___萬	已有資金	___萬	擬借貸	___萬	其他融資	___萬
希望辦理創業貸款	□是 □否		金 額				
其他需求							

四、申請人及合夥基本資料

件號：＿＿＿＿＿＿＿＿＿＿

（一）展店申請人

姓名		性別		生日	＿＿年＿＿月＿＿日
身份證字號		電話	（O）＿＿＿＿＿＿（H）＿＿＿＿＿＿		
出生地		^	（手機）		
通訊地址					

（二）本公司在職人員填寫

在職分店		現任職稱		任職日	
展店後組織歸屬	＿＿部＿＿區	店主管		副主管	

（三）非本公司在職人員填寫

現任公司		現任職稱		任職日	
學歷		婚姻	□已婚 □未婚	配偶姓名	
公司地址				電話	

（四）其他合夥人個人資料

姓名	任職分店	職稱	身份證字號	預估出資額	比例	合夥人確認簽章
展店申請人本身之出資						

說明：☆非本公司在職人員請於任職分店中填入現任公司名稱。

（正本營運中心留存，副本總經理室、支援中心留存。）

五、申請人及合夥基本資料

件號：_____

項目及月份		__月	__月	__月	__月	__月	__月	合計
美髮客數	燙髮客數							
	剪髮客數							
	梳髮客數							
	護髮客數							
	染髮客數							
	客數合計							
平均客單價								
預估收入	美髮收入							
	美容收入							
	修甲收入							
	店販收入							
	銷貨收入							
收入總計								
預估支出	折舊							
	薪資							
	房租							
	貸款							
	水電雜費							
	行政開銷							
	其他							
支出總計								
預估損益（金額）								
預估損益（%）								

房屋承租資料	租期	__年__月__日～__年__月__日（共__年__月）	租金	每月__元
	調整幅度		押金	__元
	美容室☐有☐無	美容室租金： 美容室押金：	承租人	
	宿舍租期	__年__月__日～__年__月__日（共__年__月）	租金	
	宿舍地址		電話	

（正本營運中心留存，副本支援中心留存。）

六、損益平衡表

件號：＿＿＿＿＿＿＿＿＿＿

科目	損益兩平點	占比%
營業收入		100%
進貨		
薪資支出		
保險費		
職工福利		
伙食費		
交通費		
交際費		
招生費		
教育經費		
租金支出		
商標使用		
稅捐		
廣告費		
文具印刷		
點心支出		
水電瓦斯費		
郵電費		
雜費		
生財器具		
修繕費		
雜項購置		
廣告準備金		
折舊基金		

技術基金		
年終獎金		
績效獎金		
其他收入		
本期損益		

七、製作物申請表

　　　　　　　　　　　　　　　　　　　件號：_____

（一）門店與促銷活動資料

店名		店經（副）理		店主任	
店地址					
店電話			店傳真		
活動方式：			折扣數：		
贈品：			贈送方式：		
其他活動方式：					
活動時間：___年___月___日～___年___月___日					

（二）製作物需求資料表

□ A4傳單_____份	□ 店名片_____盒	□ 邀請卡_____份
□ 布條____呎____條	□ 旗竿_____支	□ 旗座_____個
□ 公司旗_____面	□ 店頭廣告_____張	□ 贈品_____份
□ 明信片_____張（最少1,000張）	□ 氣球_____顆（最少1,000顆）	□ 面紙_____箱（1箱1,000小包）
□ 面紙貼紙____張	□ 其他	

（請於需求項目中打∨，並填寫數量）
製作物請於開幕前20日告知申購，以免影響開幕時間。

八、繪製展店地圖

（正本營運中心留存，副本支援中心留存。）

九、展店人員名冊

件號：＿＿＿＿＿＿＿＿＿＿

編號	職稱	姓名	原屬店別	身份證字號	緊急聯絡人	電話

說明：☆編號請填入展店後預計之員工服務編號。

☆原屬店別：非本公司在職人員請填入「外加入」。

☆職稱：請填入開店後將調整之職務名稱。

（正本營運中心留存，副本總經理室、人力資源中心留存。）

十、外加入店資料

件號：＿＿＿＿＿＿＿＿＿＿

現有公司名稱			地址			
電話		營業店面	□承租 □自有		面積	約＿＿＿＿坪

	租期	＿年＿月＿日～＿年＿月＿日（共＿年＿月）	租金	每月＿＿＿＿萬
承租資料	調整幅度		押金	＿＿＿＿萬
	美容室 □有 □無	美容室租金：	美容室押金：	承租人：
	宿舍租期	＿年＿月＿日～＿年＿月＿日（共＿年＿月）	租金	＿＿＿＿萬
	宿舍地址		電話	

加入本連鎖體系，已備資金		資金來源	借貸：＿＿＿＿＿
現址三年內已投入裝潢設備費用，約＿＿＿＿＿元。			自備：＿＿＿＿＿
			其他：＿＿＿＿＿

（正本營運中心留存，副本總經理室、支援中心留存。）

十一、外加入店營運概況表（近半年）

件號：＿＿＿＿＿＿＿＿＿＿

營運期間：＿＿＿年＿＿＿月＿＿＿日　　美髮椅數：＿＿＿＿＿＿＿＿＿＿

項目及月份		＿月	＿月	＿月	＿月	＿月	＿月	合計
營業收入	美髮							
	美容							
	修甲							
	其他							
收入合計								
營業支出	薪資							
	房租							
	折舊							
	水電瓦斯							
	行政開銷							
	其他							
支出合計								
損益（金額）								
淨利率（％）		＿％	＿％	＿％	＿％	＿％	＿％	＿％

原有薪資計算方式

設計師	
助理	
其他（＿＿＿＿＿＿）	

（正本營運中心留存，副本總經理室、支援中心及人力資源中心留存。）

十二、外加入店資產設備轉用一覽表

件號：_____

編號	品名	規格	廠牌	購買日期			購買價格	殘值估價
				年	月	數量		
備註								
合計								

評估人：_____ 評估日期：_____

（正本營運中心留存，副本支援中心留存。）

附錄

十三、營運計畫

件號：＿＿＿＿＿＿＿＿＿＿

一、店內人事結構：

二、技術與服務品質：

三、價格策略：

四、商圈精耕：

五、促銷活動：

六、未來目標與展望：

參考文獻

1. 陳時新、徐永堂，管理顧問基礎養成術：企業管理整體知識架構融會貫通，五南出版社，2024/07/25
2. 劉文良，電子商務與網路行銷(第八版)，碁峰出版，2023/06/06
3. 許英傑，連鎖管理：理論與實務，前程文化出版，2023/01/01
4. 許瑞林，築夢人生，中國言實出版社，2021/04/02
5. 許英傑、李冠穎，連鎖管理3/e(三版)，前程文化出版，2021/01/01
6. 曾光華，行銷管理：理念解析與實務應用（八版），前程文化，2020/09/01
7. 許瑞林，足跡：美容美髮業管理實錄，金塊文化出版，2020/07/01
8. 王大東，以實務觀點談：連鎖與授權加盟，華都文化出版，2016/02/15
9. 司徒達賢，策略管理新論：觀念架構與分析方法（三版），元照出版社，2016/02/01
10. 外貿協會，大陸美髮美容業市場商機，外貿協會出版，2014/12/01
11. 吳岱儒，企業管理個案研究：國際化思維與分析（初版），新文京開發出版，2012/08/25
12. 許瑞林，美髮沙龍創業一本通，金塊文化出版，2011/04/12
13. 鄭曉明，人力資源管理導論（第三版）/現代企業人力資源管理實務叢書，機械工業出版社，2011/03/01
14. 蘇珊・透納著，何霖譯，管理工具黑皮書：輕鬆達成策略目標，美商麥格羅・希爾國際出版社公司臺灣分公司，2011/02/24
15. 賀志東，連鎖企業財務管理，廣東經濟出版社，2011/01/01
16. 許瑞林，美髮美容創業一本萬利，詠星藝能，2005/09/01
17. 末弘喜久雄，５S的基本：整理・整頓・清潔的實施方法，先鋒企管出版，2009/08/14
18. 許瑞林 林榮茂著，美容美髮經營寶典，中國社會科學出版社，時代光華出品，2007/12

參考文獻

19. 陳承忠，企業巨人脊椎：產品生命週期管理系統之導入，博碩文化股份有限公司，2005/03/01
20. 羅惠珍、許瑞林，法國SALON巡禮，星定石文化，2001/01/19
21. 譯者：朱道凱，原文作者：Robert S. Kaplan，David P. Norton，平衡計分卡：資訊時代的策略管理工具，The balanced scorecard: translating strategy into action，臉譜出版，1999/06/15
22. 譯者：樂為良，原文作者：比爾・蓋茲，數位神經系統－與思想等快的明日世界，原著：THE SPEED OF THOUGHT: Using a Digital Nervous System，商周出版社，1999/03/25
23. 東方寺，徹底研究多媒體，儒林出版社，1996/08/01
24. 比爾・蓋茲，擁抱未來，譯者：王美音，原著：THE ROAD AHEAD，遠流出版社，1996/05/16
25. 司徒達賢著，彭春美編，策略管理，遠流出版社，1996/01/29
26. 人工智慧對話服務網站ChatGPT與Gemini

國家圖書館出版品預行編目資料

大健康服務產業連鎖經營實戰攻略 / 許瑞林, 徐永堂著.
-- 初版. -- 新北市 : 金塊文化事業有限公司, 2025.05
308面 ; 17x23公分. -- (Intelligence ; G12)
ISBN 978-626-99193-3-8(平裝)

1.CST: 連鎖商店 2.CST: 加盟企業 3.CST: 企業經營

498.93　　　114003715

Intelligence G12

大健康服務產業連鎖經營實戰攻略

作　　　者	：許瑞林、徐永堂
發　行　人	：王志強
總　編　輯	：余素珠
美 術 編 輯	：JOHN平面設計工作室

出　版　社	：金塊文化事業有限公司
地　　　址	：新北市新莊區立信三街35巷2號12樓
電　　　話	：02-2276-8940
傳　　　真	：02-2276-3425
E - m a i l	：nuggetsculture@yahoo.com.tw

匯 款 銀 行	：上海商業銀行 新莊分行（總行代號 011）
匯 款 帳 號	：25102000028053
戶　　　名	：金塊文化事業有限公司

總　經　銷	：創智文化有限公司
電　　　話	：02-22683489
印　　　刷	：大亞彩色印刷
初 版 一 刷	：2025年05月
定　　　價	：新台幣360元／港幣120元

ISBN：978-626-99193-3-8（平裝）
如有缺頁或破損，請寄回更換
版權所有，翻印必究（Printed in Taiwan）
團體訂購另有優待，請電洽或傳真